# | 머리말

21세기 북극의 빙하가 급속도로 해빙되어 항행이 더욱 자유로운 북극시대의 도래를 알리는 신호탄이 이미 전세계에 퍼져나가고 있습니다. 2000년 푸틴 정부 출범 이후 근 22년이 지난 현시점에 북극을 중심으로 러시아 해양력이 급속도로 성장해 가고 있습니다.

우크라이나 사태에도 불구하고, 북극을 둘러싼 국가들은 북극의 에너지 자원을 둘러싸고 갈등과 협력이 지속되고 있습니다. 북극의 북동항로를 가장 많이 접하고 있는 러시아의 해양정책에 대한 이해는 무엇보다 중요한 의미를 담습니다. 아직도 잘 알려지지 않은 러시아 해군의 전반적인 이해와 북극을 중심으로 전개되는 러시아 해군/해양 기관을 정리해보고자 이 책자를 펴냅니다.

러시아 해군은 총 4개의 함대와 1개의 소함대를 구성하고 있으며, 유일한 항공모함 쿠즈네초프함은 북극을 관할하는 북양함대에 배치·운용되고 있습니다. 2014년 12월에는 북양함대에 '북극합동전략사령부'가 창설되고, 2021년 1월에는 북양함대를 모체로 북부군관구가 승격되어 북극의 중요성을 강조해오고 있습니다. 북극해 자원개발과 해양영유권 분쟁, 북극지역 북동항로의 주도권 선점을 위해 북양함대 전력증강은 지속적으로 추진되고 있는 상황입니다.

북극을 중심으로 전개되는 이러한 제반 상황을 감안해 볼 때, 러시아 해군과 해양기관을 살펴보는 것은 북극시대에 러시아 해양의 현주소를 이해하고, 우리 해양기관과 해군의 북극 진출의 발판을 모색하는 기회가 될 것으로 여겨집니다.

이번 책자에서는 러시아 국방부에서 해군의 위치와 해양기관의 역할, 해양안보의 싱크탱크를 중점적으로 소개하였으며, 향후 다양한 군과 국방부를 소개함으로써 러시아의 군사 안보 조직 이해에 도움이 될 수 있는 기회를 마련하고자 합니다.

책자를 펴낼 수 있도록 배려해 주신 한국국방외교협회에 깊은 감사를 드립니다.

- 박사 정재호 -

# | 차례

# 러시아 해양정책 및 해양전략

## 1) 러시아 新 해양독트린

### ■ 해양독트린 위상

- 대양에서 국가이익 발전 보장을 위해 국가 차원의 대양활동 방향을 제시하는 전략문서
- 2015년 7월 27일 (러시아 해군의 날), 러시아 대통령은 2002년 최초 제정되었던 해양독트린을 수정하여 '新 해양독트린' 공표

### ■ 해양정책 목표

- 해양강국으로서의 지위 유지 및 국제적 권위 제고
- 세계 해양에서 러시아의 국익 보호 및 실현
- 국가의 확고한 경제사회 발전 확보
- 러시아의 해양주권 보호

### ■ 해양정책 기조

- 총 6개 해역으로 분류하여 각 해역에서의 작전, 수송, 과학탐사 및 천연자원 개발에 대한 해군의 역할 제시
- 북극항로 개설 및 국경지역에서의 NATO 확대 대응 일환으로 북극해 및 대서양 해양 안보 정책 중시
- 지중해에 항구적인 러시아 해군력 현시 및 이를 위한 크림반도 및 세바스토폴 해군기지 활용
- 북양함대 및 태평양 함대에 SSBN 및 SSN을 우선 배치하여 NATO의 위협에 대응, 미국의 태평양 해역 확대 저지는 물론 중국·인도와 해양안보 협력 강화

## ■ 해양활동 방향

- 4개 기능(해군활동/해양수송/해양과학/자원확보)을 기초로 6개 해역에서 활동방향 제시

| 해역 | 주요 활동방향 |
|---|---|
| 대서양 | • NATO의 동진 확장 대응 및 차단<br>• 흑해 및 지중해에서 전략적 입지 강화 및 해군력 현시 |
| 태평양 | • 중국과 우호관계 발전 도모 및 기타 국가들과 협력 중시<br>• 경제 및 인프라 개발을 통한 극동지역 경제 발전 |
| 인도양 | • 인도 등 기타 국가들과 우호관계 증진 |
| 카스피해 | • 석유 및 가스 채굴, 수송 등 보장 |
| 북극해 | • 북극해 자원 연구 및 탐사<br>• 북극항로의 중요성 및 북양함대의 결정적 역할 강조 |
| 남극해 | • 남극조약에 따른 각종 연구, 자원개발 등 참여 강화 |

# 2) 러시아 해양전략 / 공세적 신속방어전략

## ■ 목표

- 다른 국가들의 공격기도 사전 억지 및 전시 해양에서 국가방위 보장
- 전 세계 해양에서 러시아의 이익 지향, 해양선진국들 사이에서 러시아의 국가위상 강화

## ■ 방법 및 수단

- 방법으로 주변국보다 우수한 군사력을 건설하여 연안 및 작전해역에서 해양통제권을 장악하고 북극해와 태평양으로의 진출
- 수단으로 잠수함을 비롯한 증강된 항공모함 등 대양함대 건설과 전략 핵전력, 재래식 전력 증강
- 이러한 방법과 수단으로 해군력 증강을 통해 '강한 러시아'를 대내·외에 과시

## | 해양전략 발전과정 |

| 시대별 전략 | | 목표 | 방법 | 수단 | 특징 |
|---|---|---|---|---|---|
| 제정<br>러시아<br>(882~<br>1917) | | • 발트에서의 상업적<br>이익<br>• 해외무역로 지배 | • 소극적 수세적 현존함대<br>• 유럽의 조선기술 도입<br>• 한자동맹과 연결 | • 해군창설(1696년)<br>• 발트함대(장갑함,<br>순양함) | 영국에 이어 세계<br>2위의 해군력 보<br>유(19세기 중반) |
| 舊소련<br>(1917~<br>1991) | 연안방어 | • 육군지원<br>• 전쟁 억지력 확보<br>• 본토 안보 | • 해군력 복원<br>(조선업, 항만)<br>• 해군력 건설<br>(요새, 균형함대)<br>• 연안해역에서 소규모<br>전투 해양거부 | 소련함대 창설(1918년) | 해군력 복원기 |
| | | | | • 요새함대(육상기지 항<br>공기, 해안포, 고속어<br>뢰정, 해군육전대)<br>• 균형함대(육상기지 항<br>공기, 순양함, 구축함,<br>잠수함) | 해군력 건설기 |
| | | | | • 전략        핵잠수함<br>(SLBM) | 해양거부 전략기 |
| | | | | • 핵+재래식 전력<br>• 항공모함 | 대양해군 건설기<br>해군전력 감축기 |
| 러시아<br>(1991~<br>현재) | 공세적 신속 방어 | • 다른 국가들의 공격<br>기도 억지<br>• 전시 해상에서 국가<br>방위 보장<br>• 전 세계 해양에서 러<br>시아 이익 수호<br>• 해양선진국들 간 러<br>시아 입지 강화 | • 주변국보다 우수한 군<br>사력 건설<br>• 연안 및 작전해역에서<br>해상통제권 장악<br>• 북극해와 태평양으로<br>진출 | • 러시아 해군창설<br>(1992년)<br>• 대양함대(잠수함, 항<br>공모함) | 해군력을 통한 '강<br>한 러시아' 대내·<br>외 과시 |
| | | | | • 전략 핵전력 통상전력<br>(재래식 전력) | |

# Chapter 02

# 국방부 및 해군, 해양기관 편성

## 1) 러시아 연방군 : 1992년 5월 7일 창설

- 3개 군종(지상군, 해군, 항공우주군), 2개 병종(전략미사일군, 공수군)
- 4개 군관구(서부,남부, 중부, 동부) 및 북부군관구 체제

5

## 2) 러시아 해군 : 1992년 5월 7일 창설

- 해군사령부 예하에 수상함부대사령부, 항공사령부,
  4개 함대(태평양, 북양, 발트해, 흑해) 및 1개 소함대(카스피해)
- 군관구 함대별 전력배치

  * 출처 : The Military Balance 2020, Jane's Fighting Ships 2020

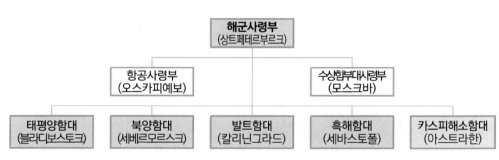

| 구분 | | 동부 군관구 | 서부 군관구 | 남부 군관구 | | 북부 군관구 | 계 |
|---|---|---|---|---|---|---|---|
| 함대 | | 태평양함대 | 발트함대 | 흑해함대 | 카스피해소함대 | 북양함대 | – |
| 잠수함 | SSBN | 4 | – | – | – | 8 | 12 |
| | SSGN/SSN | 5/6 | – | – | – | 4/11 | 9/17 |
| | SSK | 9 | 2 | 7 | – | 7 | 25 |
| 수상함 | 항모 | – | – | – | – | 1 | 1 |
| | 순양함 | 1 | – | 1 | – | 2 | 4 |
| | 구축함 | 5 | 1 | 1 | – | 5 | 12 |
| | 호위함 | 2 | 6 | 5 | 2 | 1 | 16 |
| 항공기 (고정익) | 전투기 | 12 | 28 | 12 | – | 63 | 115 |
| | 초계기 | 23 | – | 3 | – | 21 | 47 |
| 해병대 | 여단 | 2 | 2 | 2 | – | 3 | 9 |

# 3) 러시아 함대 조직 및 전력현황

## ■ 태평양함대

- 1730년, 중·일의 침입 예상에 따라 군항 및 군함 건설의 필요성이 대두되어 1731년 오호츠크 군항기지에서 임무 시작
- 1860년 블라디보스토크항이 개항되어 1871년 러시아의 주요 기지가 되었으나, 러일전쟁 동안 함대가 봉쇄
- 국가무장계획에 따라 Borei급 SSBN급 핵잠수함 배치와 상륙강습함(LHD) 건조 및 배치 추진 등 미국과 중국의 군사력 팽창 견제, 아시아 지역 내 영토 분쟁, 해저자원 확보 및 무기수출(동남아) 등 영향력 확대를 위해 전력 증강 추진
- 함대 조직 및 전력현황
  * 출처 : The Military Balance 2020, Jane's Fighting Ships 2020

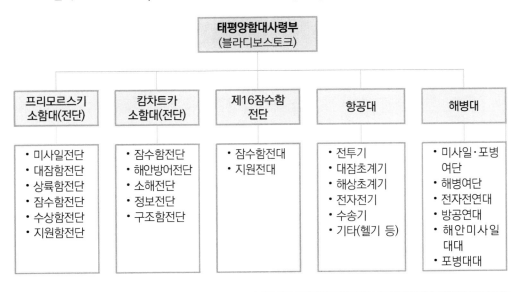

| 구분 | | 보유현황(척, 대) |
|---|---|---|
| 잠수함 | SSBN 탄도미사일 탑재 원자력 추진잠수함 | 4척 |
| | SSGN 순항미사일 탑재 원자력 추진 잠수함 | 5척 |
| | SSN 원자력추진 잠수함 | 6척 |
| | SSK 디젤잠수함 | 9척 |
| 주요전투함(순양함/구축함/호위함) | | 8척(1/5/2) |
| 기타전투함(초계함/소해함/상륙함) | | 44(27/8/9) |

| 구분 | | | 보유현황(척, 대) |
|---|---|---|---|
| 항공대 | 고정익 | 전투기(Mig-31B/BS) | 12 |
| | | 대잠초계기(Tu-142MK/MZ/MRBear F/J) | 11 |
| | | 해상초계기(IL-38) | 12 |
| | | 전자전기(IL-22) | 1 |
| | | 수송기(An-12BK / An-26 / Tu-134) | 6(2/3/1) |
| | 회전익 | 대잠헬기(Ka-27), 수송헬기(Ka-29, Mi-8) | - |

## ■ 북양함대

- 1933년, 발틱함대 소속의 함정 6척을 북양함대로 소속 변경하여 콜스키만에 창설
- 유일한 항공모함 쿠즈네초프함을 운용, 북양함대 비행장 현대화 및 활주로 확장
- 2014년 12월 북양함대레 '북극합동전략사령부' 창설, 2021년 1월 북부군관구로 승격
- NATO의 영향력 확대와 유럽 미사일 방어체계에 대응, 북극해 자원개발과 해양영유권 분쟁, 북극지역 북동항로의 주도권 선점을 위해 북양함대 전력 증강 추진
- 함대 조직 및 전력현황

    * 출처 : The Military Balance 2020, Jane's Fighting Ships 2020

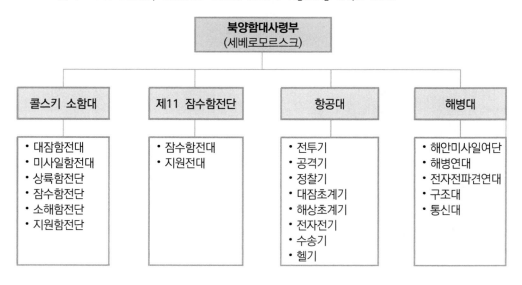

| 구분 | | | 보유현황(척, 대) |
|---|---|---|---|
| 잠수함 | SSBN 탄도미사일 탑재 원자력 추진잠수함 | | 8척 |
| | SSGN 순항미사일 탑재 원자력 추진 잠수함 | | 4척 |
| | SSN 원자력추진 잠수함 | | 11척 |
| | SSK 디젤잠수함 | | 7척 |
| 주요전투함(항모/핵추진 순양함/순양함/구축함/호위함) | | | 9척(1/1/1/5/1) |
| 기타전투함(초계함/소해함/상륙함) | | | 33(16/10/7) |
| 항공대 | 고정익 | 전투기(Mig-31B/Su-33) | 38(20/18) |
| | | 공격기(Su-24M/Su-25UTG) | 18(13/5) |
| | | 정찰기(Su-24MR) | 4 |
| | | 대잠초계기(Tu-142MK/MZ/MRBear F/J) | 11 |
| | | 해상초계기(IL-38) | 10 |
| | | 전자전기(IL-20RT, IL-22) | 3(2/1) |
| | | 수송기(An-12BK / An-26 / Tu-134) | 9(8/1) |
| | 회전익 | 대잠헬기(Ka-27), 수송헬기(Ka-29, Mi-8) | - |

## ■ 발트함대

- 1703년 상트페테르부르크에서 창설, 소련붕괴 이후 독립된 러시아연방은 1994년 발트 3국에 위치하던 구소련 해군기지들을 자국 영토로 철수함에 따라 크고 작은 해군부대들이 해체되어 타지역으로 배속

- 이러한 과정에서 발트 3국에 위치해 있던 5개의 주요 기지를 상실하고 칼리닌그라드에 위치한 발트기지에만 일부 세력을 유지

- 함대 조직 및 전력현황

    * 출처 : The Military Balance 2020, Jane's Fighting Ships 2020

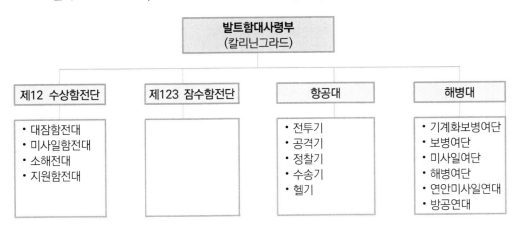

9

| 구분 | | | 보유현황(척, 대) |
|---|---|---|---|
| 잠수함 | SSK 디젤잠수함 | | 2척 |
| | 주요전투함(구축함/호위함) | | 7척(1/6) |
| | 기타전투함(초계함/소해함/상륙정) | | 54(29/12/13) |
| 항공대 | 고정익 | 전투기(Su-27, Su-27UB)<br>공격기(Su-24M)<br>정찰기(Su-24MR)<br>수송기(An-26 / Tu-134) | 18<br>10<br>4<br>8(6/2) |
| | 회전익 | 대잠헬기(Ka-27), 수송헬기(Ka-29, Mi-8) | - |

■ 흑해함대

- 1783년 이후 흑해 일대에서 중요한 역할 수행, 러시아의 핵심 전략적 이해가관계가 존재하는 러시아 서남부 및 지중해, 중동지역에 대한 영향력 확대
- 우크라이나의 독립으로 흑해함대가 분할되며 정치적 이슈 지속 발생
- 1997년 우크라이나는 러시아에 20년간 흑해함대가 세바스토폴 지역 일부를 사용토록 허가, 2000년에 다시 2042년까지 사용토록 합의
- 함대 조직 및 전력현황
  * 출처 : The Military Balance 2020, Jane's Fighting Ships 2020

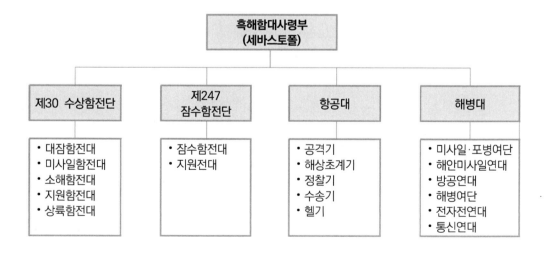

| 구분 | | | 보유현황(척, 대) |
|---|---|---|---|
| 잠수함 | SSK 디젤잠수함 | | 7척 |
| 주요전투함(순양함/구축함/호위함) | | | 7척(1/1/5) |
| 기타전투함(초계함/소해함/상륙함) | | | 57(37/10/10) |
| 항공대 | 고정익 | 공격기(Su-24M) | 13 |
| | | 해상초계기(Be-12PS) | 3 |
| | | 정찰기(Su-24MR) | 4 |
| | | 수송기(An-26) | 6 |
| | 회전익 | 대잠헬기(Ka-27), 수송헬기(Mi-8) | - |

## ■ 카스피해 소함대

- 1704년 페르시아와의 무역을 위해 창설되어 구소련 붕괴 이후 1867년에 함대본부를 바쿠(현 아제르바이잔 수도)에서 아스트라한으로 이동
- 카스피해에서 자원을 둘러싼 연안국 간의 영유권 분쟁으로 인해 이해관계가 상충됨에 따라 카스피해 연안국은 해군력 증강을 추진하고 있고, 러시아 또한 국방개혁의 일환으로 카스피해 소함대의 전력증강을 적극 추진
- 함대 조직 및 전력현황

  * 출처 : The Military Balance 2020, Jane's Fighting Ships 2020

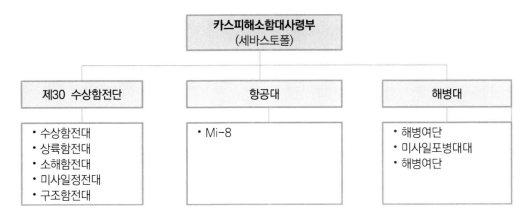

| 구분 | | | 보유현황(척, 대) |
|---|---|---|---|
| 주요전투함(호위함) | | | 2척(2) |
| 기타전투함(초계함/소해함/상륙정) | | | 21(9/3/9) |
| 항공대 | 회전익 | 대잠헬기(Ka-27), 수송헬기(Mi-8) | - |

## ■ 함대별 주요함정(기함)

### ⚑ 태평양함대 : 바략함 순양함

- 전장 : 186.4 m
- 전폭 : 20.8 m
- 만재톤수 : 11,490 ton
- 최고속력 : 32 kts

### ⚑ 북양함대 : 쿠즈네초프 항공모함

- 전장 : 302.3 m
- 전폭 : 70 m
- 만재톤수 :59,439 ton
- 최고속력 : 30 kts
- 특징 : 러시아 유일 항공모함
  * 2번함 Varyag함은 건조 중 중국에 매각, 중국은 랴오닝함으로 명명

### ⚑ 발트함대 : 나스토이치브이 순양함

- 전장 : 156.5 m
- 전폭 : 17.2 m
- 만재톤수 : 7,904 ton
- 최고속력 : 33.4 kts

### ⚑ 흑해함대 : 모스크바 순양함

- 전장 : 186.5 m
- 전폭 : 20.8 m
- 만재톤수 : 11,490 ton
- 최고속력 : 32 kts

### ⚑ 카스피해 소함대 : 다게스탄 초계함

- 전장 : 102.2 m
- 전폭 : 13.9 m
- 만재톤수 : 2200 ton
- 최고속력 : 29 kts

## ■ 주요 해군전력 현황

* 출처 : The Military Balance 2020, Jane's Fighting Ships 2020

### - 수상함

| 함종 | 함 유형(Ship Class) | | 보유현황 |
|---|---|---|---|
| 항공모함 (1) | 어드미럴 쿠즈네초프함 | (Admiral Kuznetsov, Project 1143.5) | 1 |
| 순양함 (4) | 키로프급 CGN | (Kirov, Project 1144.2) | 1 |
| | 모스크바급 CG | (Moskva, Project 1164) | 3 |
| 구축함 (12) | 소브레메니급 | (Sovremenny, Project 956/956A) | 3 |
| | 우달로이급 Ⅰ/Ⅱ | (Udaloy Ⅰ/Ⅱ, Project 1155/1155.1) | 7/1 |
| | 카신급 | (Kashin, Project 61) | 1 |
| 호위함 (16) | 어드미럴 고르쉬코프급 | (Admiral Gorshkov, Project 22350) | 2 |
| | 어드미럴 그리고로비치급 | (Admiral Grigorovich, Project 11356M) | 3 |
| | 네우스트라쉬미급 | (Neustrashimy, Project 1154) | 2 |
| | 스테레구쉬치급 Ⅰ | (Steregushchiy Ⅰ, Project 20380) | 6 |
| | 게파드급 | (Gepard, Project 11661K) | 2 |
| | 크리바크급 | (Krivak, Project 1135M) | 1 |
| 연안전투함 (105) | 초계함 | | 49 |
| | 경비함(정) | | 56 |
| 기타 (330) | 기뢰함(정) | | 43 |
| | 상륙함 | | 20 |
| | 군수지원함(정) | | 267 |
| 총계 | | | 468 |

### - 잠수함

| 함종 | 함 유형(Ship Class) | | 보유현황 |
|---|---|---|---|
| SSBN (12) | 타이푼(아쿨라)급 | (Typhoon, Akula, Project 941U) | 1 |
| | 델타Ⅲ(칼마르)급 | (Delta, Kalmar, Project 667BDR) | 1 |
| | 델타Ⅳ(델핀)급 | (Delta, Delfin, Project 667BDRM) | 6 |
| | 보레이(돌고루키)급 | (Borey, Dolgoruky, Project 955/955A) | 3/1 |
| SSGN (9) | 오스카Ⅱ(안테이)급 | (Oscar, Antey, Project 956/956A) | 8 |
| | 야센(세베로드빈스크)급 | (Yasen, Severodvinsk, Project 855) | 1 |
| SSN (17) | 시에라Ⅰ(바라쿠다)급 | (Sierra Ⅰ, Barracuda) | 2 |
| | 시에라Ⅱ(콘도르)급 | (Sierra Ⅱ, Kondor, Project 945A) | 2 |
| | 빅토르Ⅲ(슈카)급 | (Victor Ⅲ, Schuka, Project 671RTMK) | 3 |
| | 아쿨라(슈카-B)급 | (Akula, Schuka-B, Project 971M) | 10 |
| SSK (25) | 바샤반카(킬로)급 | (Vashavyanka, Kilo, Project 877/877V) | 10 |
| | 바샤반카(킬로)급 | (Vashavyanka, Kilo, Project 636) | 7 |
| | 바샤반카(향상된 킬로)급 | (Vashavyanka, improved Kilo, Project 636.6) | 7 |
| | 라다급 | (Lada, Project 677) | 1 |
| 총계 | | | 63 |

# 4) 러시아 해군 함형별 전력건설 방향

## ■ 항공모함

- 재래식 항모(쿠즈네초프) 대체를 위한 새로운 원자력추진 항모 2033년 전력화 계획

  * '19.7월 IMDS(국제해양방위산업전)에서 네브스코예 조선업체에서 설계 공개

| ⚑ 슈토름 항공모함(Project 23000E) |
|---|
| • 전장/전폭 : 330/40 m<br>• 만재톤수 : 10만 ton<br>• 최고속력 : 30 kts<br>• 원자력 추진기관 탑재<br>• 항공기 90대 이상 탑재 |

## ■ 순양함

- 키로프급 원자력추진 순양함 현대화 추진

| ⚑ 표트르 벨리키(Project 1144.1) |
|---|
| • 전장/전폭 : 252/28.5 m<br>• 만재톤수 : 24,690 ton<br>• 최고속력 : 30 kts<br>• 원자력 추진기관 탑재<br>• 러시아 최초로 RCS 감소 설계 반영 |

## ■ 구축함

- 우달로이급 구축함은 해상경비 및 대잠작전 등 다목적함으로 활동

| ⚑ 마르샬 샤포쉬니코프(Project 1155) |
|---|
| • 전장/전폭 : 163/19 m<br>• 만재톤수 : 7480 ton<br>• 최고속력 : 30 kts<br>• 태평양함대 주력 구축함 |

## ■ 호위함

- 해군 현대화를 위해 어드미럴 고르쉬코프급 신형 호위함 지속 건조 중

### ⚑ 어드미럴 고르쉬고프급(Project 1155)

- 전장/전폭 : 135/16.4 m
- 만재톤수 : 5,400 ton
- 최고속력 : 29 kts
- 차세대 다기능 호위함

## ■ 초계함

- 연안작전용으로 첨단 스텔스 기술이 적용됨

### ⚑ 스테레구쉬급(Project 20380)

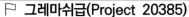

- 전장/전폭 : 104.5/13 m
- 만재톤수 : 2,235 ton
- 최고속력 : 26 kts
- 첨단 스텔스 기술 적용

### ⚑ 그레마쉬급(Project 20385)

- 전장/전폭 : 106/13 m
- 만재톤수 : 2,500 ton
- 최고속력 : 26 kts
- 스테레구쉬급 초계함보다 성능 개량

## ■ 상륙함

- 분쟁지역에 대한 신속한 군사력 투사 능력 확대를 위해 25,000톤급 대형 상륙강습함(LHD) 전략화 예정, 이반 그렌급 상륙함 건조 지속 중

### ⚑ 이반 그렌급(Project 11711)

- 전장/전폭 : 120/16.5 m
- 만재톤수 : 6,600 ton
- 최고속력 : 18 kts
- 함미 헬기격납고 설치

## ■ 원자력추진 잠수함

- 보레이급 원자력추진 잠수함은 북양함대와 태평양함대에 배치되어 작전 전개

### ⚐ 보레이급(Project 955)

- 전장/전폭 : 170/13.5 m
- 만재톤수 : 19,711 ton
- 최고속력 : 28 kts
- 불라바 SLBM 20기 탑재 가능

- 소나시스템 등 설계측면에서 새로운 방식 도입, 러시아 해군 잠수함의 주력 기대

### ⚐ 야센급(Project 855)

- 전장/전폭 : 133/11.5 m
- 만재톤수 : 11,800 ton
- 최고속력 : 28 kts
- 차세대 공격 원자력 잠수함

## ■ 재래식 잠수함

- 이중 선체설계로 충격에 강하고 스텔스 기능 보유

### ⚐ 라다급(Project 677)

- 전장/전폭 : 66.8/7.1 m
- 만재톤수 : 2,693 ton
- 최고속력 : 21 kts
- 최신 AIP 체계 장착

### ⚐ 바랴샤반카급(Project 636.6)

- 전장/전폭 : 73.8/9.9 m
- 만재톤수 : 3,125 ton
- 최고속력 : 17 kts
- 최신 AIP 체계 장착

# Chapter 03

# 해군 약사, 발전과정 및 변천사

## 1) 해군약사

### ■ 제정러시아시대 해군

- 1672~1725년(표트르 1세)
  - 1693년 백해에 있는 아르한겔스크에 러시아의 첫 조선소 건설·군함 건조 시작
    **1696년 10월 해군함대 창설**
  - 1700~1721년 러시아 해군은 스웨덴, 터키 등과 해전 치열, 해상교통로 확보, 해안방어, 해안선 일대에서 육군과 합동작전 수행
  - 1725년 대형함 40여척, 병력 25,000명으로 구성된 발틱함대와 범선 17척, 노선 38척으로 구성된 카스피해함대, 대형함 수척으로 구성된 백해함대 등 해군 보유

- 1729~1796년(에카테리나 2세)
  - 터키와의 해전에서 승리하여 크림반도 및 흑해 장악, 지중해 진출로 확보

### ■ 19세기 해군

- 1855~1881년(알렉산드르 2세)
  - 1856년 3월, 러시아 함대는 크림전쟁(1853~1856년)에서 영불함대에 패배
  - 소형전함 위주의 연안방어 및 대양함대가 가능한 순양함 위주의 외해에서 통상파괴전 수행을 위해 해군 근대화 추진

- 1894~1917년(니콜라이 2세)
  - 러일전쟁의 패배로 태평양함대와 발틱함대는 거의 전멸, 흑해함대만 존재

### ■ 소련시대 해군

- 1924~1953년(스탈린 시기)
  - 강력한 해군력 건설 주창, 원자력추진 잠수함 개발 추진

- 1953~1964년(흐루시초프 시기)
  - **해군사령관 고르쉬코프를 임명, 대양해군 기반의 세계적인 해군으로 발전** 하는 계기 마련
- 1964~1982년(브레즈네프 시기)
  - 소련 전략부대 증강과 대양함대 및 재래식 전력 강화 중시
- 1985~1990년(고르바초프 시기)
  - 경제 타개를 위한 평화공세 추진, 해군전력 대폭 축소

## ■ 러시아 연방 해군

- 1991~1999년(옐친 시기)
  - 1992년 5월, 구소련의 해군력 흡수, 독자적인 해군 창설
- 2000~2022년(푸틴 시기)
  - 해군력 현대화 및 대양해군 재건 추진
  - 전력건설 우선순위 : 해양에서의 전략적 핵전력과 지휘체계 현대화 → 일반적인 임무수행을 위한 다목적 잠수함, 차세대 구축함 및 초계함 건조 → 국지전 및 지역분쟁의 경험 고려한 능력구비

# 2) 해군 발전과정

| 시기 및 연도 | | 주 요 내 용 |
|---|---|---|
| 근대해군 발전시기<br>(1917~1936년) | 1917 | 육·해군 군사위원회 창설 |
| | 1918 | 적색함대 창설 (발트함대 전신) |
| | 1929 | 흑해함대 창설 |
| | 1932 | 태평양함대 창설 |
| | 1933 | 북양함대 창설 |
| 제2차 세계대전<br>(1937~1946년) | 1937 | 해군 인민위원회 설치 |
| | 1941<br>~<br>1946 | 미영의 원조로 해군력 발전 |
| 팽창시기<br>(1947~1953년) | 1946 | 방위성 산하에 해군성 예속 |
| | 1950 | 해군성 독립 |
| | 1953 | 국방성 산하에 해군 총사령부 예속 |
| 활동해역 확장시기<br>(1954~1979년) | 1954 | 핵미사일 개발 등을 통한 해군 미사일 전력 강화 |
| | 1964 | 아프리카 및 아시아 연안 국가에 영향력 행사 |
| | 1965 | 서태평양지역에서 잠수함작전 지원을 위한 해상연습 |
| | 1967 | 중부 대서양에서 지원 작전 확대 |
| | 1968 | 카리브해에 해군 진출 강화 |
| | 1969 | 인도양에 해군함대 상주 |
| | 1972 | 미국 연안(대서양, 태평양)에 원자력 잠수함 상시 초계 |
| | 1979 | 베트남에 해군함정 및 항공기 상주 |
| 최대전력 보유기<br>(1980~1988년) | | 세계 최다의 잠수함, 수상함, 해군항공기 보유<br>수상함은 항속거리, 화력, 전자전 능력 월등히 향상<br>잠수함은 최신예 SSBN과 소음을 최소화한 SSN 건조 |
| 합리적 전력구축기<br>(1989~1991년) | | 전략무기 개발로 질적 개선,<br>'87.12월 미소 INF폐기협정 의거 '91.6월까지 중거리 핵전력 폐기 |
| 침체기<br>(1992~1999년) | | 경제난으로 해상전력 증강 극히 저조,<br>경비절감을 위해 대규모 함정 퇴역 및 활동영역 감소 |
| 해군력 재건 및<br>현대화 시기<br>(2000년~ ) | | '01.7.27일 러시아연방 대통령에 의한 해양확장 및 해양자원개발 등 해양활동에 관한 '해양독트린' 승인,<br>러시아 함대의 양적 질적 증강을 통해 러시아연방에 대한 안보 위협을 제거할 수 있는 독자적 인프라 구축 |

## 3) 해군 변천사

| 연 도 | 주 요 사 건 |
|---|---|
| 1693 | 표트르 1세, 백해에 조선소 건립 및 군함 건조 시작 |
| 1696 | 아조프해 점령 |
| 1696.10월 | 해군함대 창설 |
| 1697 | 표트르 1세, 선진 해군제도 도입 |
| 1698 | 아조프해 연안 타카로그에 해군기지 건설 |
| 1698 | 아조프 함대 창설 |
| 1700~1721 | 스웨덴과 북방전쟁 |
| 1703 | 표트르 1세, 해군성 창설 |
| 1710 | 아조프함대 괴멸, 흑해 진출 기도 좌절 |
| 1714 | 러시아 해군 강구트해전에서 승리 |
| 1719 | 고트란트 해전에서 스웨덴 함대 격파 |
| 1721 | 북방전쟁 승리, 수도를 상트페테르부르크로 이전 |
| 1771 | 러시아 해구, 아조프해를 벗어나 흑해 진출 |
| 1774 | 터키와의 전쟁에서 승리, 크림반도 확보 |
| 1789~1790 | 스브엔더스쿤 해전, 비보르크해전에서 스웨덴 해군 연파, 발트해 제해권 확보 |
| 1796 | 예카테리나 2세 시대 발틱함대 지중해 원정 |
| 1800~1815 | 나폴레옹 전쟁 |
| 1812 | 러시아 해군은 리가전투에서 프랑스 격퇴 |
| 1815 | 나폴레옹 패배, 러시아 해군 세계 2위 해군으로 도약 |
| 1853~1856 | 크림전쟁 |
| 1853 | 나히모프 제독, 터키 흑해함대 격파 |
| 1856 | 세바스토폴 함락으로 크림전쟁서 패배 |
| 1881 | 콘스탄틴 대공 해군건설 21개년 계획수립, 세계 3위 해군력 보유 |
| 1891 | 블라디보스토크에 태평양함대 기지 건설 |
| 1895 | 청국으로부터 뤼순, 다롄항 조차 부동항 건설 |
| 1904 | 인천해전 패배, 발틱함대 태평양 원정 시작 |
| 1905 | 쓰시마해전에서 일본 해군에 패배 |
| 1905 | 전함 포템킨에서 반란 발생 |
| 1909 | 건함 10개년 계획 수립 |
| 1914~1918 | 제1차 세계대전 발발 |
| 1917~1920 | 혁명전쟁 영향으로 해군력 궤멸 |

| 연 도 | 주 요 사 건 |
|---|---|
| 1917 | 크론슈타트 수병반란 발생 |
| 1921 | 혁명전쟁 영향으로 해군력 궤멸 |
| 1928 | 스탈린, 해군력 증강 3차 5개년 계획 수립 |
| 1939~1945 | 제2차 세대전 발발 |
| 1939 | 독·소 불가침조약 체결 |
| 1943 | 스탈린, 대형함정 보존정책 지시로 잠수함전 위주로 진행 |
| 1947 | 원자폭탄 연구 시작 |
| 1949 | 원자폭탄 시험 성공 |
| 1950 | 원자력추진 잠수함 건조 시작 |
| 1954 | 고르쉬시코 대장 해군총사령관 임명 |
| 1991 | 소련 붕괴, 러시아연방 탄생, CIS 탄생 |
| 1992 | 러시아군 창설, '러시아 해군' 창설 |
| 2000 | '신 해군독트린' 발표 |
| 2009 | 러시아연방, '국가안보전략 2020' 발표 |
| 2010 | 러시아 '신군사독트린' 채택 |
| 2010 | 러시아 대통령 메드베데프, 쿠릴 열도 쿠나시르 방문 |
| 2010 | 4개의 '통합지역전략사령부'로 조직 개편 |
| 2011 | 러시아연방 해양독트린 발표 |
| 2013 | 러·중 연합해상훈련 실시 |
| 2014.1월 | 러시아 해군, 종합훈련센터 창설 |
| 2014.3월 | '세베르니 오롤(북방의 독수리)' 훈련 실시 |
| 2014.4월 | 흑해 연안국 간 해군 연합훈련 'Blackseafor' 실시 |
| 2014.7월 | RIMPAC 훈련 참가 |
| 2014.8월 | 발트해 연합훈련 실시 |
| 2014.12월 | 러시아 '신 군사독트린' 발표 |
| 2015.7월 | 러시아 '신 해양독트린' 발표 |
| 2015.12월 | 러시아 '국가안보전략' 개정 |
| 2016.7월 | 러시아 해군의 날, 상트페테르부르크 대규모 해상군사퍼레이드 실시 |
| 2017.7월 | 러시아 해군의 날, 상트페테르부르크 대규모 관함식 실시 |
| 2017.7월 | 2030년까지 해군활동 러시아 기본정책, 대통령령 공표 |
| 2019.12월 | 러시아-시리아 해군, 지중해서 연합 해상훈련 실시 |

# 러시아 3대 해군 박물관

## 1) 러시아 상트-페테르부르크 해군중앙군사박물관

### ■ 러시아 해군 326년의 역사를 한 눈에

17세기 말 피터 대제(러시아명 : 표트르 I세)의 해양을 향한 강한 의지로 핀란드만에 건설되어, 발트해를 향한 '유럽의 열린 창'으로 불리는 해군의 도시! 모스크바에서 육로로 651km! 역사성을 인정받아 유네스코에도 등재된 제2의 수도! 네바강을 끼고 30개의 운하와 400여개의 다리로 연결된 북부의 베네치아! 제2차 세계대전 당시 900일간 독일군과의 격전을 치르며 레닌그라드(소련시대 상트페테르부르크의 옛명칭)전투로 더욱 유명해진 상트페테르부르크! 바로 이 도시에 가면 올해로 러시아 해군 326년의 역사를 자랑하는 해군중앙군사박물관을 볼 수 있다.

피터 대제에 의해 건설된 러시아 해양의 도시를 상징하듯 해군중앙군사박물관 내부에 들어서면 피터대제 동상이 제일 먼저 방문객을 맞이한다. 러시아의 대문호 알렉산더 푸쉬킨은 대서사시 '청동 기마상'에서 피터 대제의 영혼을 깨우며 해군의 도시 상트페테르부르크를 찬양하였다.

> 아름다운 페트로프 도시여! 이제 멈추어주소서!
> 러시아는 당신과 함께 있어 흔들리지 않습니다.
> – 러시아 대문호 : 알렉산더 푸쉬킨 –

이 도시는 북방전쟁의 화염 속에서 건설되기 시작했다고 피터 대제는 1703년에 강조했다. 오랜 역사를 거치며 상트페테르부르크는 러시아 해군의 요람이 되었고, 러시아의 영광은 여기에서 탄생했다고 러시아인들은 믿는다. 이 곳에 조선소를 만들고, 조국을 수호하기 위해 해군으로 참가하여 전선으로 나갔다. 오늘날 이 도시는 러시아의 해양 수도이자 해양전통을 간직한 도시가 되어, 해양과학과 해군의 요람이 되고 있다.

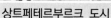

상트페테르부르크 도시

피터대제 동상(입구 위치)

## ■ 상상 이상의 유물과 컬렉션을 간직한 해군중앙군사박물관!

　이 곳에는 러시아인들이 大조국전쟁에서 독일의 패망을 이끈 상징을 자부하듯 온전히 간직한 유물은 물론, 러시아 해군사를 중심으로 745,826개의 다양한 함선과 해군 관련 기념물을 포함하고 있고, 82개의 컬렉션이 구성되어 있다. 12,000대의 선박 및 선박장비모델, 11,000대 이상의 무기류, 62,000개 이상의 미술품, 56,000개 이상의 의류, 배너 및 깃발이 있고, 역사문서 다큐멘터리, 드로잉 및 사진 이미지 컬렉션은 대중들의 관심을 이끈다. 특히 해군 관련 고문서 903개가 365일 전시되어 과거의 흔적을 찾는 관광객들의 향수를 불러일으킨다. 해군박물관은 흥미로운 기증품들로 채워졌는데, 그 중에서도 피터 대제, 유명한 제독과 장교, 그들의 개인 물품들이 박물관을 장식하고 있고, 군함 및 여러 선박의 모형 컬렉션이 전시되어 있다.

　무엇보다도 전쟁이 진행되는 와중에도 굳건히 러시아 해군의 역사를 잊지 않기 위해 유지관리하여 온전히 간직하고 있다는 것은 어떤 무엇과도 바꿀 수 없는 러시아인들의 역사적 산물에 대한 가치 존중에서 나온 결과라 하지 않을 수 없다. 도시를 방문하여 현장에서 보면 더욱 생동감을 느낄 수 있지만, 현대기술의 발달로 인터넷 홈페이지를 통해서도 유물과 작품 하나하나를 감상할 수 있게 하였다.

| | | |
|---|---|---|
| 해군중앙군사박물관 실내 모습 | 박물관 내 이동 동선 | 바략함의 상트입항 환영문 |
| 1712년 해군기 | 피터대제의 보트 | 흑해함대 해상기동 |

# ■ 러시아 해군중앙군사박물관 연대기 & 박물관 네트워크 지부

## ≫ 박물관 연대기

- 1703년 : 러시아 해군의 창시자 '표트르 1세'는 유럽에서 배건조기술을 전수받고, 보관소에 관리·보수하기 시작

- 1722년 : '조선소 관리 규정 제25조'에 의거 배를 건조하기 전에 모형을 만들어야 한다고 규정한 이후 이렇게 만들어진 선박 모형은 박물관의 전통이 됨.

- 1805-1827년 : 알렉산더 1세 시기 '해양박물관'으로 최초 명명. 지리학자, 극지탐험가들이 수집한 해양 희귀유물을 전시하도록 지시.

- 1908년 : 해양박물관 200주년 기념식 거행

- 1917년 : 해양박물관은 '거래소'로 이전

- 1924년 : 러시아 '해군중앙군사박물관' 명칭 제정 이후 오늘에 이름

- 1941-1946년 : 제2차세계대전 시기 '레닌그라드 봉쇄'로 개방 전면 폐지, 5년의 공백기간 이후 1946년 7월 28일 해군창설기념일을 기해 개방

- 1950-1990년 : 1956년 '오로라 함선'을 해군중앙군사박물관의 지부로 정함. 8개의 컬렉션을 지속 유지

- 1980년 : 크론슈타트 해군기지의 '해군 대성당'에 발트해군기지에 관한 역사전시물 개장

- 2009년 : 1월 24일 박물관 창설 300주년 맞이
- 2013년 : '거래소'에서 '생도기숙사'로 이전. 면적 3만평, 19개 홀로 확장

1766년, 상트페테르부르크 조선소 모습 | 1908년, 200주년 기념 해양박물관 모습

1917년, 해양박물관은 거래소로 이전 | 2009년, 해군중앙군사박물관 | 2010년 6월, 생도기숙사로 이전

## 박물관 네트워크 지부

　해군중앙군사박물관은 명칭에서도 알 수 있듯이, 러시아 해군박물관의 본부 역할을 한다. 타지역의 7개 박물관의 관리감독지원 역할을 병행하고도 있다. 가장 규모가 크기도 하지만, 상트페테르부르크의 중심지역에 위치하여 관광객 수도 매년 수 백만 명이 오가는 명실상부한 대표 해군박물관의 입지를 자랑한다. 7개의 네트워크 지부 박물관은 러시아의 지방 도처에 위치해 있다. 아브로라 박물관(상트페테르부르크), B-2 잠수함 박물관(블라디보스톡), 인생의 길 박물관(상트페테르부르크), 크론슈타트 요새 박물관(크론슈타트), 발틱함대박물관(칼리닌그라드), 미하일 쿠투조프 박물관(노보로시스크), 흑해함대박물관(세바스토폴) 등은 지역의 대표적인 박물관으로서 러시아인들과 외국인들이 자주방문하는 여행 방문지가 되었다.

| 1956년 오로라 함선 박물관 (상트페테르부르크) | 미하일 쿠투조프 박물관 (노보로시스크) | B-2 잠수함 박물관 (블라디보스톡) |
| 흑해함대박물관 (세바스토폴) | 발틱함대박물관 (칼리닌그라드) | 크론슈타트 요새 박물관 (크론슈타트) | 인생의 길 박물관 (상트페테르부르크) |

## ■ 해군중앙군사박물관의 다양한 행사와 전시회

해군중앙군사박물관에는 해양과학, 해전사 관련 다양한 컨퍼런스가 개최된다. 국내외 저명한 해양 관련 인사들을 초청하여 국제회의가 열리고, 외국 해군과 해군회의도 이 곳에서 진행된다. 박물관이면서 회의장이기도 하다. 해양전문가들은 이곳 박물관을 통해 2003년부터 '해양학술지' 출판 활동도 병행하고 있다. 최근 발간한 학술지로는 '해군중앙군사박물관의 온라인 기술 적용'(2020년 11월), '현대정보공간에서의 박물관의 현재와 미래'(2020년 12월)가 있다. 러시아 연방은 다양한 역사적 소장품을 해군중앙군사박물관 홈페이지에 연동하여 해군의 역사를 볼 수 있고, 학습할 수 있도록 인터넷 공간을 마련해 두고 있다. 매년 전시회 카탈로그를 제작하여 시민들의 해양과 해군에 대한 관심을 증대시키고 있고, 2013년부터 해군박물관 발전 콜로키움을 매년 개최하여 재건 사업, 역사유물탐사에 대한 학술회의를 개최하고 있다.

'나히모프 제독 탄생 200주년 기념서 발간회'(2020년 7월5일), '시노프전투 150주년 컨퍼런스'(2003년 12월 1일), '포츠머스 평화조약 100주년 국제회의'(2002년 3월 18-20일), '러시아 해군의 역사와 해양 정신의 역사 피터 시대 국제회의'(2009년 1월 14-15일), '1944년 전략적 공세작전에서 소련 해군의 역할 원탁회의'(2014년 5월 7일) 등 다양한 컨퍼런스가 개최되었다. 알렉산더 넵스키 탄생 800주년을 맞이하여, 넵스키 이름의 역사적 고증을 하는 전시회(2021년 4월)를 실시했다. '러시아 해군의 눈으로 본 19세기 한국의 모습'(2020년 4월 24일)은 당시 러시아 해군이 전세계를 누비며 대양항해를 했던 것을 보여준다. 2010년 이후 50여회의 러시아 해군의 역사 관련 전시회를 이 곳에서 개최하였다.

러시아 해양화가들은 이곳 박물관에서 활동한다. 바다를 사랑하는 해양화가들은 그들의 작품을 이 곳 박물관에서 직업으로 활동하며 그림을 전시해 나가고 있다. 대표적인 러시아 해양화가 아이바좁스키는 6,000점 이상 작품을 남겼으며, 해양에 관한 최고 작푸을 남겼는데, 작가의 작품들을 인터넷 홈페이지를 통해 확인할 수 있다. 1917년 10월 혁명 이전까지 러시아 함대의 역사를 전시한 모습은 잊혀질 수 있었던 과거 해군의 모습을 되살려주는 계기가 된다. 상트페테르부르크를 방문하는 현지인들은 이곳을 자녀들의 교육장소로 활용한다.

**| 전시회 카탈로그 |**

북극! 러시아의 국익 (2013년 9월)

1812년 조국전쟁 (2014년 3월-6월)

1941-44년 레닌그라드 전투에서 해군 (2017-2019년)

핵잠수함사 60주년 (2018년 2-4월)

러시아 해군의 눈으로 본 19세기 한국의 모습 (2020년 4월24일)

러시아 해군사에서 알렉산드르 넵스키의 역사 (2021년 4월)

해군중앙군사박물관 간행물 매년 4번 발간

해양화가 미술전시회 '북극쇄빙선과 잠수함', '크림해전의 함선'

## 2) 러시아 블라디보스토크 태평양함대 군사역사박물관

**"동방을 정복하라! 블라디보스토크! 태평양함대 군사역사박물관 속으로"**
블라디(Vladi : 정복하다), 보스토크(Vostok : 동쪽)

러시아 블라디보스토크 태평양함대 군사역사 박물관
Military and History Museum of the Pacific Fleet
Военно-Исторический Музей
Тихоокеанского Флота

\* 공식 사이트 : https://museumtof.ru/

| 러시아 블라디보스토크 태평양함대 군사역사박물관 로고 |

### ■ 러시아 태평양함대 군사역사박물관의 역사

러시아 태평양함대 군사역사박물관은 극동지역에서 태평양함대와 블라디보스토크 도시의 발전과정과 연관된 대표적인 박물관이다. 해군에 관심이 있는 사람은 물론 함대와 도시의 역사를 배우려는 이들에게 역사학적으로 주요한 역할을 한다. 박물관의 역사를 살펴보면 76년 전으로 거슬러 올라간다. 1945년 10월 태평양함대사령부와 Primorsky Krai 위원회의 합동회의에서 태평양함대의 역사박물관을 만들기로 결정했다. 책임자 Boris Sushkov 중령의 지휘 아래 함대 역사 관련 자료를 수집하기 시작했다. 1950년 4월 21일 태평양 함대 사령관 Kuznetsov 제독은 Pushkinskaya 거리에 있는 루터 교회에서 '117/62호 명령서'에 서명함에 따라 본격적인 박물관의 모습이 드러났다. 이후에도 자료 수집을 계속하여 1958년 캄차트카 반도의 과학탐험 결과로 얻은 극동 발전의 역사자료들이 모였다.

거의 반세기가 지난 후 1997년 9월 박물관은 Svetlanskaya 거리에 있는 고전주의 양식의 건물로 옮겨졌다. 1998년부터 2002년까지 건물을 개조하고, 2003년부터 전시관이 디자인되기 시작하여 2005년 5월 9일 전승기념일에 태평양함대 군사역사박물관은 관람객들에게 개방되었다. 전시관은 "대일본 전쟁에서 러시아 병사들의 용기(1904-1905년)", "태평양 전투준비태세와 해군의 형성과정(1932-1941년)" 등 다양한 주제의 총 11개의 홀로 구성된다.

현재 박물관 건물은 1903년에 건축가 Seeshtrandt의 프로젝트로 지어졌다. 최초에는 시베리아 해군 승조원 가족 및 장교들의 거주지로 고안되어 태평양함대의 군사위원회 일원과 해군지휘관들이 살았다. 대표적인 인물로 Kuznetsov, Yumashev, Amelko, Fokin 등이 있다. 1980년부터 1990년까지는 태평양함대의 여러 부서가 이 장소에 위치하여 업무를 수행하였다.

| 블라디보스토크 태평양함대 군사역사박물관 외관과 입구 내부 모습 |

## ■ 박물관의 다양한 전시물과 전시공간

피터대제 시대부터 오늘날까지 태평양함대의 형성과 발전의 역사를 알려주는 수천 개가 넘는 특별 전시물이 총 11개의 홀에 보관되어 있다. 무기개발에 기여했던 러시아 전문가의 개인 물품을 포함하여, 러일 전쟁 중에 사용된 의료기기, 선박 모델, 해양에 관한 유화 및 원본 컬렉션을 박물관에서 볼 수 있다. 태평양함대의 군사역사박물관 컬렉션은 76년 동안 지속적으로 증가하여 새 건물을 지을 계획을 세울 정도로 박물관이 수용할 수 있는 한계를 넘었다. 박물관은 '태평양함대의 기념 군사복합 단지', 루스키섬의 기념 선박 'Krasny Vympel', 그리고 잠수함박물관 'S-56'과 연계되어 박물관과 함께 관리된다.

최근 코로나로 인해 근 2년 동안 박물관 방문이 제한됨에 따라 동영상을 제작하여 인터넷을 통해서도 박물관을 관람할 수 있도록 하였다. '러시아 극동개발 초기부터 1905년까지 태평양에서 함대의 역사', '1905-1932년 극동시대의 함대역사', '1932-1941년 태평양함대의 창설과 발전과정', '대조국전쟁 75주년 특별프로그램 블라디스토크', '대조국전쟁에서 태평양함대의 참가', '대일본 전쟁에서 태평양함대의 전투활동', '잠수함 S-56 투어', '1945-1980년 태평양함대 발전과정' 등 다양한 주제의 동영상이 제작되어 당시 상황을 잘 설명해 준다.

## | 주제별 태평양함대 박물관 내부모습 |

| 〈1번홀〉 | 18세기 베링의 원정대 역사 및 극동지역 발전사, 1854년 페트로파블롭스크-캄차츠키에서 영국-프랑스 연합함대와의 전투 | 〈2번홀〉 | 1905년 아무르 소함대 창설, 1917년 2월과 10월 혁명, 1922-1932년 극동 해군의 재건과 개발과정 |
|---|---|---|---|
| 〈3번홀〉 | 1932-1941년 태평양함대 창설과 발전과정, 극동 해군력 강화 및 증대 조치과정 | 〈4번홀〉 | 1941-1945년 대조국전쟁 기간 해안보호임무와 훈련과정 |
| 〈5번홀〉 | 1941-1945년 대조국전쟁 기간 태평양함대의 활동과정 | 〈6번홀〉 | 1945년 소련-일본 전쟁 중 태평양함대와 아무르 소함대의 해전 과정 |
| 〈7번홀〉 | 1731-1945년 태평양함대의 역사와 발전과정 | 〈8번홀〉 | 1945-1980년 태평양함대 발전과정 |
| 〈9번홀〉 | 21세기 태평양함대 발전과정 | 〈10번홀〉 | 태평양함대의 국제업무 관련 방문국의 기념패 및 문화행사 등 전시관 |
| 〈11번홀(비상설)〉 | 태평양함대 주요활동 관련 날짜별 전시관 | 〈야외전시관〉 | 태평양함대 군함 및 부대 장비 및 무기 |

### ■ 러시아 블라디보스토크 잠수함 박물관 'S-56'

S-56 잠수함은 1936년 11월 24일 레닌그라드 조선소에서 건조된 후 블라디보스토크 선박수리조선소로 이송되어 조립되었다. 1939년 12월 25일 진수하여 1941년 10월 20일 태평양함대에 편입되었다. 제2차 세계대전 당시 8번의 군사작전에 참가하여 독일 군함 10척을 침몰시킨 수중전 역사를 가진다. 승조원들은 소비에트 연방 영웅 칭호를 받았다. S-56은 북양함대에서 운용되다가 1954년 북극항로를 통해 태평양으로 귀환했다. 세계대전이 종료된 후 1964년부터 훈련용 잠수함으로 사용하였다. 오랜 작전임무를 마친 후 전승기념 30주년이 되는 1975년에 블라디보스토크 태평양함대사령부가 위치한 부두 인근에 잠수함 박물관으로 개조하여 기관실, 조타실, 어뢰실 등 내부를 상세히 볼 수 있도록 했다.

잠수함 박물관 주변은 기념공원으로 조성되어 있다. 정교회 사원, 1941-1945년 전쟁영웅을 추모하기 위해 만들어진 '꺼지지 않은 불꽃', '니콜라이 개선문', '솔제니친 기념동상'이 함께 모여 있어 관광객들의 관심을 모은다. 그래서 이곳을 '태평양함대의 기념 군사복합 단지'라고 부른다.

| 무게 (수상/수중) | 856 / 1090 ton |
|---|---|
| 길이 (전장/전폭) | 77.8 / 6.43 m |
| 속력 (수상/수중) | 18.8 / 9.6 kts |
| 무장 | 533mm 어뢰 |
| 승조원 | 45명 |

| 잠수함 S-56 기념우표 및 잠수함 제원 |

| 잠수함박물관 S-56 실내·외 모습 |

## ■ 태평양 진출의 활로, 북극항로의 기착지 블라디보스토크

블라디보스토크는 러시아어로 블라디(Vladi) '정복하다', 보스톡(Vostok) '동쪽'을 의미한다. 다시 말해 동방정벌을 위해 부동항으로서 적합했던 해양군사도시였다. 이 도시는 태평양에서 잠수함 활동이 활발했던 냉전시대에 러시아 잠수함의 모항 역할을 했다. 소련시대에는 군항으로서 출입이 제한되었다. 태평양함대가 위치한 이곳은 1731년 5월 21일 오호츠크의 주요기지와 함께 극동의 러시아 군항으로 건설되었다. 이로 인해 러시아 해군의 날은 5월 21일로 정해져 있다. 1935년 1월 11일 극동 해군은 소련 해군의 태평양함대로 개명되었다. 태평양함대는 미사일순양함 바략함을 주전력으로 하여 대잠함, 전략핵잠수함, 다목적 디젤잠수함, 해군항공기, 연안부대 등으로 구성되어 있고, 소말리아 대해적작전, 시리아에서의 러시아 군사작전에 참가했다. 블라디보스토크에 정박한 태평양함대 군함들은 특별한 지중해식 계류(mediterranean mooring) 방식을 선택한다. 이러한 방식은 좁은 공간에 더 많은 선박을 수용할 수 있고, 웨이크 손상으로부터 배를 보호할 수 있는 장점을 가진다.

앞으로 북극항로가 완전히 열리게 되면 유럽과 극동을 잇는 항로가 개척될 것이다. 그리고 북극항로의 항행로가 동남아시아까지 이어지게 될 것은 명약관화(明若觀火)하다. 이로 인해 북극권과 태평양을 연결하는 베링해협을 통과하여 오호츠크해, 동해를 통해 동남아시아로 이어지는 기착지에 위치한 블라디보스토크는 항구 도시로서 주요한 역할을 할 것으로 기대된다.

| 블라디보스토크 전경과 지중해식 방식으로 계류 중인 러시아 군함 |

# 3) 러시아 무르만스크 북양함대박물관

## ■ 러시아 무르만스크 북양함대 박물관 역사와 전시공간

러시아 북양함대 해군박물관은 1946년 10월 16일 무르만스크시 청사 건물에 문을 열었다. '1941~1945년 대조국전쟁(제2차 세계대전)에서 북극수호' 주제로 첫 전시실이 개방되었다. 특별한 활동으로 2000년 이전까지 60년 동안 과학과 출판에 관한 150개 이상의 인쇄물이 북양함대 박물관에서 제작했다.

| 북양함대 박물관 건물 & 입구 표지 모습 |

현재 박물관의 전시실에는 북양함대의 핵잠수함, 수상함 및 항공기의 개발 역사와 관련된 자료는 물론 1693년부터 현재까지 북양함대에 관한 전반적인 자료가 전시되어 있다. 박물관에는 65,000개의 러시아 해양 유산이 전시되어 있는데, 여기에는 선박 모델, 무기, 각종 깃발, 개인 소장품, 선박의 문서 및 사진이 포함된다. 그리고, 러시아 북양함대의 창설 과정 및 발전사를 미술 작품으로 표현하였다.

북양함대 박물관은 중심 박물관 역할을 하고, 무르만스크 지역 인근 도시 세베로모르스크에는 잠수함 K-21과 사포노보에 있는 북양함대 공군박물관은 소규모 지부 박물관 역할을 한다.

| 잠수함 K-21 & 북양함대 공군박물관 |

## ■ 러시아 무르만스크 북양함대 박물관의 주요 전시관

북양함대 박물관은 총 9개의 홀로 구성되어 있다. '1693년부터 1920년까지 러시아 북부지역의 해군에 대한 주제별 전시관', '북양함대의 형성과 20세기 해군의 발전과정', '대조국전쟁 당시 해군의 주요역할', '1945년부터 21세기까지 해군의 운명', '소련 지휘관과 군인에 관한 다양한 문서', '북극지역 원주민들의 생활상을 보여주는 의상과 생활도구' 등 다양한 전시관이 있다. 2018년에는 'Military Murman'이라는 주제의 전시관을 만들었다. 이곳에는 제2차 세계대전 동안 북극지역 콜라반도의 방공호 안에서 활동했던 해군의 모습을 볼 수 있다.

| 무르만스크 지역에서 해군활동 & 쿠즈네초프 항공모함 모델 |

| ERMAK 선박의 북극지역 활동 지도 |

## ■ 핵잠수함 '쿠르스크'호의 운명을 전시관으로 보다

북양함대 박물관에는 특별한 전시관 핵잠수함 쿠르스크호 전시관이 있다. 2000년 8월 12일 바렌츠해에서 대규모 해상훈련 실시 중 핵잠수함 쿠르스크에서 폭발음이 발생하며 사고가 발생했다. 영국-노르웨이 연합지원선단의 지원을 받으며 오랜 시간 구조작업을 했으나, 생존자는 없었다. 인양작업이 시작되

었으나, 여러 이유로 인한 작업 지연과 인명 피해로 인해 국제사회의 이슈가
되었다. 박물관에는 비극적인 역사를 지닌 쿠르스크 핵잠수함 내부에서 생활했던
승조원들의 소장품들이 전시되어 있다. 폭발 직전까지 생존하여 메모 기록을
남긴 함미 구역 책임자 중위 드미트리 콜레스니코프의 일기장을 볼 수 있다.

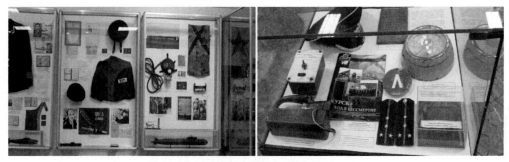

| 쿠르스크 핵잠수함 승조원들의 소장품 |

| 쿠르스크 핵잠수함 & 함상 도열 모습 |

### ■ 세계 최초의 핵쇄빙선 레닌호

무르만스크 지역 도시 중앙에는 북양함대 군함의 북극해 활동을 지원했던 세
계 최초의 원자력 쇄빙선 '레닌'호가 박물관으로 공개되어 있다. 1956년부터
1959년까지 레닌그라드(現 상트페테르부르크) 해군공장에서 건조되어 1959년
12월 3일 취역, 1989년까지 30년 동안 북극항로에서 항행하며 북극항해의 경
험을 축적하고 러시아의 핵 쇄빙선 기술인력을 양성하는 역할을 해왔다. 또한,
북극에서 수천 척의 선박과 군함의 북극항로의 길라잡이 역할을 하며 30년 동
안 지구에서 달까지 거리의 3배 이상 되는 654,400해리를 항해했다.

2009년 5월 5일 원자력 쇄빙선 '레닌'호는 무르만스크 지역의 중앙 부두에 정박하여 지역의 랜드마크이자 콜라반도의 여러 명소 중에서 가장 많은 방문객이 방문하는 방문지가 되었다. 러시아의 문화유산으로 등재되어 있고, 국영기업 'ROSATOM'의 단일기업 '원자력함대(Atomflot)'에서 관리한다.

| 세계 최초 핵쇄빙선 레닌호 |

# Chapter 05

# 국방·해양안보 싱크탱크 및 연구소

## 1) 싱크탱크 개요

- 러시아의 최고 전문가 포진, 국가 방향 제시

- 특정분야 전문가로 구성되어 정책 수립 및 방향 제시 역할 수행

- 정부산하 기관의 싱크탱크 연구소의 접근 제한

- IMEMO(세계경제 및 국제관계 연구소) 사례
  - 러시아의 대표적인 싱크탱크 연구소
  - 국내 다양한 주요 연구소와 정기적 포럼 및 세미나 개최
  - SIPRI 연구소의 연례보고서에서 '러시아 지역 특별판' 매년 발간

- 러시아에는 약 100여 개의 싱크탱크

- 주요 싱크 탱크 회장 및 소장 현황

| | | | |
|---|---|---|---|
|  | ◆ 세계경제 및 국제관계 연구소 회장<br>◆ 던킨 알렉산드르 |  | ◆ 러시아 국제연구 협회 회장<br>◆ 아나톨리 토르쿠노프 |
|  | ◆ 세계경제 및 국제관계 연구소 소장<br>◆ 보이톨롭스키 표도르 |  | ◆ 발다이 클럽 이사장<br>◆ 안드레이 비스트릿스키 |
|  | ◆ 러시아 국제문제위원회 의장<br>◆ 세르게이 라브로프 |  | ◆ 러시아전략연구소 이사장<br>◆ 마하일 프라드코프 |

# 2) 러시아 내 주요 싱크탱크 현황

|  | • 세계경제 및 국제관계 연구소<br>• IMEMO<br>• ИМЭМО<br>• 1956년 설립 |  | • 발다이 클럽<br>• Valdai Club<br>• В а л д а й<br>  К л у б<br>• 2004년 설립 |
|---|---|---|---|
| – 연구원 318명<br>– 과학 아카데미 회원 7명<br>– 2015년 8월 Yevgeny Primarov의 이름을 기념하기 위해 'Primakov Institute of World Economy and International Relations' 으로 명칭 변경<br>– http://www.imemo.ru | | – 발다이 호수 근처 '벨리키 노브고로드'에서 제1회 컨퍼런스 개최<br>– 다년간 85개국 1,000여 명 이상의 싱크 탱크 전문가들이 참가<br>– 2014년부터 Valdai Discussion Club Foundation에서 재단 관리<br>– http://ru.valdaiclub.com | |
|  | • 러시아 국제문제 위원회<br>• RIAC<br>• РСМД<br>• 2010년 설립 | **РИСИ** | • 러시아 전략연구소<br>• RISS<br>• РИСИ<br>• 2020년 설립 |
| – 외교 정책문제를 해결하는 국가의 전문가 공동체와 시민 연구소 간의 협의회 역할<br>– 외무부, 교육과학부, 과학아카데미, 기업연합, 인테르팍스의 연합 공의회<br>– 매년 RIAC 연례보고서 발간<br>– http://russiancouncil.ru | | – 러시아연방 국가정책의 전략적 방향 형성에 관한 정보분석 지원<br>– 영문명 : Russian Institute for Strategic Studies<br>– 매년 6회 '국가 전략문제' 저널 발간<br>– https://www.riss.ru | |
|  | • 러시아 국제연구협회<br>• RAMI<br>• РАМИ<br>• 1999년 설립 |  | • 외교 및 방위정책 협의회<br>• SVOP<br>• СВОП<br>• 1999년 설립 |
| – 국제관계 학계 연구 분야의 보존과 개발<br>– 정기컨벤션 개최, 2500명 이상의 연사 참가<br>– 협회활동은 18개 프로그램 이사를 통해 조정<br>– https://risa.ru | | – 러시아의 외교 및 방위정책, 러시아 국가 및 시민 사회의 형성을 위한 전략적 개념 촉진 목적으로 설립<br>– 2002년부터 '세계 문제에서 러시아' 저널 출간<br>– http://svop.ru | |

# 3) 한반도 및 동북아 지역 연구소

- 동양학 연구소
- SB RAS
- ИВ РАН
- 1922년 설립

- 고대부터 현재까지 동양의 역사를 연구
- 매년 정례적 학술 세미나 개최
- 38명의 학술위원 활동, 박사과정지도
- http://ivran.ru

- 극동문제연구소
- IDV RAS
- ИДВ РАН
- 1966년 설립

- 중국, 일본, 북한, 한국과의 관계 및 역사와 문화, 동북아 국가의 포괄적인 연구
- 대학원 과정을 통해 박사 학위자 배출
- 1972년부터 '극동연구' 저널 발간
- https://www.ifes-ras.ru

# 4) 러시아 관련 주요 참고 홈페이지

## ■ 러시아 관련 정책연구소

| 미국/유럽/서방 | |
|---|---|
| Brookings 브루킹스연구소<br>(Brookings Institute) | http://brookings.edu |
| CEIP 카네기 국제평화재단<br>(Carnegie Endowment for International Peace) | https://carnegieendowment.org |
| CSIS 전략국제연구센터<br>(Center for Strategic and International Studies) | http://www.csis.org |
| FOI 스웨덴 국방연구소<br>(Swedish Defense Research Agency) | https://www.foi.se |
| IISS 국제전략문제연구소<br>(International Institution for Strategic Studies) | https://www.iiss.org |
| RAND 랜드연구소<br>(Rand Corporation) | https://www.rand.org |
| RUSI 잉글랜드 런던연구소<br>(Royal United Service Institute) | http://www.rusi.org |
| SIPRI 스톡홀름 국제평화연구소<br>(Stockholm International Peace Research Institute) | https://www.sipri.org |

| 미국/유럽/서방 | |
|---|---|
| GFSIS  조지아 국제전략연구소<br>(Georgian Foundation for Strategic & International Studies) | http://www.gfsis.org.ge |
| 러시아 | |
| IMEMO  세계경제 및 국제관계 연구소<br>(Institute of World Economy and International Realtions) | http://www.imemo.ru |
| MGIMO  모스크바 국제관계연구소(대학교)<br>(Moscow State Institute(University)<br> of International Relations) | https://mgimo.ru |
| RIAC  러시아국제문제위원회<br>(Russian International Affairs Council) | https://russiancouncil.ru |
| Valdai  발다이 클럽<br>(Valdai Discussion Club) | https://valdaiclub.com |

## ■ 러시아 주요 언론사

| | | |
|---|---|---|
| Interfax | 인테르팍스 | http://www.interfax.ru |
| ITAR-TASS | 이타르-타스 통신 | http://www.itar-tass.com |
| Izvestia | 이즈베스티야 | http://www.izvestia.ru |
| Moscow Times | 모스크바 타임즈 | https://www.themoscowtimes.com |
| RIA-Novosti | 리아 노보스티 | https://ria.ru |
| Sputnik | 스푸트니크 | https://sputniknews.com |

## ■ 러시아 정부/군 관련 자료

| 러시아 정부 | |
|---|---|
| 러시아 국방부 | http://mil.ru |
| 러시아 외무부 | http://www.mid.ru |
| 러시아 연방상원 | http://www.council.gov.ru |
| 러시아 연방하원 | https://duma.gov.ru |
| 러시아 대통령궁(크레믈린) | https://www.kremlin.ru |
| 러시아 군 | |
| 러시아군 분석 싱크탱크 | https://russianmilitaryanalysis.wordpress.com |
| 러시아군 군사정보 | https://military.wikia.org |
| 러시아 군사기술 | https://www.army-technology.com |
| 러시아 방산관련 연구기관 | https://bmpd.livejournal.com |
| 러시아 해군 | https://flot.com/nowadays |

# Chapter 06

# 러시아 해군 무기체계 및 Q&A

## 1) 러시아 해군 무기체계 구성

* 출처 : The Military Balance 2020, Jane's Fighting Ships 2020

### ■ 수상함

| 구분 | | 항공모함 | 순양함 | | 구축함 |
|---|---|---|---|---|---|
| Class Project | | Kuznetsov급 (Project 1143.6) | Slava급 (Project 1164) | Kirov급 (Project 1144.2) | Udaloy급 (Project 1155) |
| 대표 군함 외형 / 함명 | | 어드미럴 쿠즈네초프 Admiral Kuznetsov | 마르샬 우스티노프 Marshal Ustinov | 표트르 벨리키 Pyotr Velikiy | 마르샬 샤포쉬니코프 Marshal Shaposhnikov |
| 운용척수 (취역시기) | | 1척 (1990년) | 3척 (1982~1989년) | 1척 (1998년) | 7척 (1985~1991년) |
| 전장/전폭 | | 302.3m/70m | 186m/20m | 252m/28.5m | 163.5m/19.3m |
| 배수톤수 | | 59,439 tons | 11,674 tons | 24,690 tons | 8,636 tons |
| 최대속력 | | 30kts | 32kts | 30kts | 29kts |
| 항속거리 | | 8,500NM | 7,500NM | 14,000NM | 7,700NM |
| 추진방식 | | 증기터빈 4기 | 가스터빈 4기 | 원자로 2기 증기기관 2기 | 가스터빈 4기 |
| 승조원 | | 2,586명 | 476명 | 744명 | 249명 |
| 탐지 장비 | 레이더 | 대공 * Sky Watch 대공/대함 * Top Plate B 대함 * Strut Pair | 대공 * Top Pair 대공/대함 * Top Steer | 대공 * Top Pair 대공/대함 * Top Plate | 대공 * Top Pair 대함 * Palm Frond |
| | 소나 | 선체부착 * Bull Horn | 선체부착 * Bull Horn | 선체부착 * Horse Jaw VDS * Mouse Tail | 선체부착 * Horse Jaw VDS * Mouse Tail |

| 구분 | | 항공모함 | 순양함 | | 구축함 |
|---|---|---|---|---|---|
| 무장 | 함포 | 30mm<br>* SA-N-11 Grisson<br>* AK-630 | 130mm 2문<br>* AK-130<br>30mm 6문<br>* AK-650 | 130mm 2문<br>* AK-130<br>30mm 8문<br>* SA-N-11 | 100mm 2문<br>30mm 4문<br>* AK-630 |
| | 유도탄 | 대공미사일<br>* SA-N-9(킨잘)<br>대함미사일<br>* SS-N-19(그래니트) | 대공미사일<br>* SA-N-6<br>대함미사일<br>* SS-N-12B | 대공미사일<br>* SA-N-20<br>대함미사일<br>* SS-N-19(그래니트)<br>대잠미사일<br>* SS-N-15 | 대공미사일<br>* SA-N-9(킨잘)<br>대잠미사일<br>* SS-N-14 |
| | 어뢰 | | 533mm 10기 | 533mm 10기 | 533mm 8기 |
| 특징 | | 현대화 작업 중 | Kirov급의 예비 및 지원전력으로 운용 | 러시아 최초 원자력 추진 전투함 | Kalibr 대함유도탄 탑재를 위해 개조 |

| 구분 | | 구축함 | | 호위함 | |
|---|---|---|---|---|---|
| Class<br>Project | | Udaloy II급<br>(Project 1155.1) | Sovremenny급<br>(Project 956/956A) | Neustrashimy급<br>(Project 1154) | Gepard급<br>(Project 11661K) |
| 대표<br>군함<br>외형<br>/<br>함명 | | 어드미럴 차바넨코<br>Admiral Chavanenko | 나스토이치브이<br>Nastoychivyy | 야로슬라프 무드르이<br>Yaroslav Mudri | 다게스탄<br>Dagestan |
| 운용척수<br>(취역시기) | | 1척<br>(1999년) | 3척<br>(1989~1994년) | 2척<br>(1993,2009년) | 2척<br>(2002, 2012년) |
| 전장/전폭 | | 163m/19.3m | 156m/17.3m | 130m/15.5m | 102m/13.7m |
| 배수톤수 | | 9,043 tons | 8,067 tons | 4,318 tons | 1.961 tons |
| 최대속력 | | 28kts | 32kts | 30kts | 26kts |
| 항속거리 | | 4,000NM | 6,500NM | 4,500NM | 5,000NM |
| 추진방식 | | 가스터빈 4기 | 증기터빈 2기 | 가스터빈 4기 | 가스터빈 2기<br>디젤엔진 1기 |
| 승조원 | | 249명 | 296명 | 210명 | 120명 |
| 탐지<br>장비 | 레이더 | 대공 * Strut Pair II<br>대함 * Palm Frond | 대공 * Top Plate<br>대함 * Palm Frond | 대공 * Top Plate<br>대공/대함 * Cross Dome | 대공/대함<br>* Bass Tilt |
| | 소나 | 선체부착<br>* Zvezda M-2 | 선체부착<br>* Bull Horn | 선체부착 * Ox Yoke<br>VDS * Ox Tail | 선체부착 * Ox Yoke<br>VDS * Ox Tail |

| 무장 | 함포 | 130mm 2문<br>* AK-130<br>30mm 2문<br>* CADS-N-1 | 130mm 4문<br>* AK-130<br>30mm 4문<br>* AK-630 | 100mm 1문<br>* A-190E<br>30mm 2문<br>* SA-N-11 | 76mm 1문<br>* AK-196<br>30mm 2문<br>* AK-630 |
|---|---|---|---|---|---|
| | 미사일 | 대공미사일<br>* SA-N-9(킨잘)<br>대함미사일<br>* SS-N-22<br>대함미사일<br>* SS-N-15 | 대공미사일<br>* SA-N-7<br>대함미사일<br>* SS-N-22 | 대공미사일<br>* SA-N-9<br>대함미사일<br>* SS-N-25<br>대함미사일<br>* SS-N-16 | 대공미사일<br>* SA-N-4<br>대함미사일<br>* SS-N-25 |
| | 어뢰 | 533mm 8기 | 533mm 4기 | 533mm 8기 | - |
| 특징 | | Udaloy급 구축함 후속 사업으로 건조추진 | 주요 대수상함 전력으로 건조 | 함 전후부에 수직 발 사대 설치로 유도탄 탑재 추가가능 | - |

| 구분 | | 호위함 | | 초계함 | |
|---|---|---|---|---|---|
| Class<br>Project | | Grigorovich II급<br>(Project 11356M) | Gorshkov급<br>(Project 22350) | Steregushchiy I 급<br>(Project 20381) | Steregushchiy II급<br>(Project 20385) |
| 대표<br>군함<br>외형<br>/<br>함명 | | 어드미럴 그리고로비치<br>Admiral Grigorovich | 어드미럴 고르쉬코프<br>Admiral Gorshkov | 스테레구쉬<br>Steregushchiy | 그레먀쉬<br>Gremyashchiy |
| 운용척수<br>(취역시기) | | 3척<br>(2016~2017년) | 2척<br>(2018~2020년) | 3척<br>(2007~2020년) | 1척<br>(2020년) |
| 전장/전폭 | | 124.8m/15.2m | 135m/16.4m | 104.5m/11.1m | 104.5m/11.1m |
| 배수톤수 | | 4,035 tons | 5,400 tons | 2,235 tons | 2.500 tons |
| 최대속력 | | 32kts | 32kts | 26kts | 26kts |
| 항속거리 | | 4,850NM | 4,000NM | 3,500NM | 3,500NM |
| 추진방식 | | 가스터빈 4기 | 가스터빈 2기<br>디젤엔진 2기 | 디젤엔진 4기 | 디젤엔진 4기 |
| 승조원 | | 190명 | 210명 | 100명 | 100명 |
| 탐지<br>장비 | 레이더 | 대공 * Top Plate<br>대공/대함<br>* Cross Dome | 대공 * Furke-2<br>대함 * Monolit 34k1 | 대공/대함<br>* Furke-E<br>대함 * Granit Monument | 대공/대함 * Furke-E<br>대함 * Granit Monument |
| | 소나 | 선체부착 | 선체부착 * Zarya<br>예인배열<br>* Vinyetka LFAS | 선체부착 * Zarya | 선체부착 * Zarya |

45

| 구분 | | 호위함 | | 초계함 | |
|---|---|---|---|---|---|
| 무장 | 함포 | 100mm 1문<br>* A-190<br>30mm 2문<br>* AK-630 | 130mm 1문<br>* A-192<br>14.5mm 2문 | 100mm 1문<br>* A-190<br>30mm 2문<br>* AK-630 | 100mm 1문<br>* A-190<br>30mm 2문<br>* AK-630 |
| | 미사일 | 대공미사일<br>* SA-N-7<br>대함미사일<br>* SS-N-27A | 대공미사일<br>* Redut<br>대함미사일<br>* SS-N-26<br>대함미사일<br>* SS-N-29 | 대공미사일<br>* 9M96 missiles<br>대함미사일<br>* KRTV 3M-24 Uran | 대공미사일<br>* Redut<br>대함미사일<br>* SS-N-26<br>대지미사일<br>* SS-N-30A |
| | 어뢰 | 533mm 4기 | 324mm 8기 | 324mm 8기 | 324mm 8기 |
| 특징 | | 공격·방어용 무장이 균형있게 탑재된 다기능 호위함 | 대함/대공/대잠 능력 보유 차세대 호위함 스텔스 설계로 기존 함정 대비 선형 단순화 | 연안작전용으로 건조 피탐 최소화를 위해 스텔스 기술 적용 | Steregushchiy I 의 개량형 |

## ■ 잠수함(원자력 추진)

| 구분 | 원자력추진 잠수함 | | | |
|---|---|---|---|---|
| Class Project | Typhoon(Akula)급<br>(Project 941U)<br>SSBN | Delta III/IV급<br>(Project 667)<br>SSBN | Borey(Dolgoruky)급<br>(Project 955/955A)<br>SSBN | Oscar II(Antey)급<br>(Project 949A)<br>SSGN |
| 대표 잠수함 외형 / 함명 | <br>아쿨라<br>Akula | <br>안드로메다<br>Andromeda | <br>유리 돌고루키<br>Yuri Dolgoruky | <br>옴스크<br>Omsk |
| 운용척수<br>(취역시기) | 1척<br>(1981년) | 1/6척<br>(1981/1984~1990년) | 3척<br>(2012~2020년) | 8척<br>(1988~1996년) |
| 전장/전폭 | 171.5m/24.6m | 135m/16.4m | 170m/13.5m | 154m/18.2m |
| 배수톤수 | 수상: 18,797tons<br>수중: 26,925tons | 수상: 10,973tons<br>수중: 13,717tons | 수상: 14,956tons<br>수중: 19,711tons | 수상: 14,123tons<br>수중: 18,594tons |
| 최대속력 | 25kts | 24kts | 25kts | 26kts |
| 추진방식 | 원자력추진<br>* 원자로 2기 | 원자력추진<br>* 원자로 2기 | 원자력추진<br>* 원자로 1기 | 원자력추진<br>* 원자로 2기 |
| 승조원 | 175명 | 130명 | 102명 | 85명 |

| 구분 | | 원자력추진 잠수함 | | | |
|---|---|---|---|---|---|
| 탐지 장비 | 레이더 | 대함 <br> * RLK-101 Snoop Tray | 대함 <br> * MRP-25 Snoop Tray | 대함 | 대함 <br> * MRPK-58 Snoop Tray |
| | 소나 | 선체부착 <br> * MGK-500 | 선체부착 <br> 예인배열 | 선체부착 <br> 예인배열 | 선체부착 <br> 예인배열 |
| 무장 | 미사일 | SLBM * Bulava <br> 대공미사일 <br> * SA-N-8 Gremlin | SLBM * Makeyev <br> 대함미사일 <br> * SS-N-27A Sizzier | SLBM * Bulava <br> 대함미사일 <br> * Klub-S(추적) | 대지미사일 <br> * SS-N-15 <br> 대함미사일 <br> * SS-N-19(그래니트) |
| | 어뢰 | 533mm 6기 | 533mm 4기 | 533mm 4기 | 533mm 4기 |
| 특징 | | 배수량이 가장 큰 잠수함 | 보레이급으로 교체 | 차세대 SSBN으로 러시아 주력 잠수함, 자동화 기술 도입으로 승조원 수 감소 | - |

| 구분 | 원자력추진 잠수함 | | | |
|---|---|---|---|---|
| Class Project | Yasen(Severodvinsk) (Project 855) SSGN | Sierra I/II급 (Project 954A) SSN | Victor III (Schuka)급 (Project 671RTMK) SSN | Akula(Schuka-B) (Project 971M) SSN |
| 대표 잠수함 외형 / 함명 | 아쿨라 <br> Akula | 니즈니 노보고로드 <br> Nizniy Novogorod | 오빈스크 <br> Ovinsk | 카살롯 <br> kashalot |
| 운용척수 (취역시기) | 1척 (2014년) | 2/2척 (1984~1987년 1990~1993년) | 3척 (2012~2020년) | 8척 (1988~1996년) |
| 전장/전폭 | 133m/11.5m | 111m/14.2m | 170m/13.5m | 154m/18.2m |
| 배수톤수 | 수상: 9,500tons <br> 수중: 11,800tons | 수상: 7,722tons <br> 수중: 9,246tons | 수상: 14,956tons <br> 수중: 19,711tons | 수상: 14,123tons <br> 수중: 18,594tons |
| 최대속력 | 28kts | 32kts | 25kts | 26kts |
| 추진방식 | 원자력추진 <br> * 원자로 1기 | 원자력추진 <br> * 원자로 1기 | 원자력추진 <br> * 원자로 1기 | 원자력추진 <br> * 원자로 2기 |
| 승조원 | 85명 | 61명 | 102명 | 85명 |

| 구분 | | 원자력추진 잠수함 | | | |
|---|---|---|---|---|---|
| 탐지장비 | 레이더 | 대함<br>* I-band | 대함<br>* MRP-58 Snoop Tray | 대함 | 대함<br>* MRPK-58 Snoop Tray |
| | 소나 | 선체부착<br>* MGK-600 | 선체부착<br>* MGK-540 | 선체부착<br>예인배열 | 선체부착<br>예인배열 |
| 무장 | 미사일 | 대지미사일<br>* SS-N-30A<br>대함미사일<br>* SS-N-27A Sizzier | 대지미사일<br>*SS-N-21- Sampson<br>대공미사일<br>* SA-N-5 Grail<br>대함미사일<br>* SS-N-15 Starfish | SLBM  * Bulava<br>대함미사일<br>* Klub-S(추적) | 대지미사일<br>* SS-N-15<br>대함미사일<br>* SS-N-19(그래니트) |
| | 어뢰 | 533mm 10기 | 533mm 4기 | 533mm 4기 | 533mm 4기 |
| 특징 | | VL 8기 탑재 | 러시아 잠수함 중에서<br>최대 고속항해 가능 | 차세대 SSBN으로<br>러시아 주력 잠수함,<br>자동화 기술 도입으<br>로 승조원 수 감소 | – |

## ■ 잠수함(재래식)

| 구분 | 재래식 잠수함 | | |
|---|---|---|---|
| Class<br>Project | Varshavyanka(Kilo)급<br>(Project 877/877M) | Varshavyanka(Kilo)급<br>(Project 636.6) | Lada급<br>(Project 677) |
| 대표<br>잠수함<br>외형<br>/<br>함명 | <br>노보시비르스크<br>Novosibirsk | <br>노보로시스크<br>Novorossiysk | <br>상트 페테르부르크<br>Sankt Peterburg |
| 운용척수<br>(취역시기) | 10척<br>(1981~1990년) | 10척<br>(2014~2022년) | 2척<br>(2010년, 2022년) |
| 건조중 | – | * 3척 | * 1척 |
| 전장/전폭 | 72.6m/9.9m | 73.8m/9.9m | 66.8m/7.1m · |
| 배수톤수 | 수상: 2,362tons<br>수중: 3,125tons | 수상: 2,362tons<br>수중: 3,125tons | 수상: 1,973tons<br>수중: 2,693tons |
| 최대속력 | 17kts | 20kts | 21kts |
| 추진방식 | 디젤-전기 | 디젤-전기 | 디젤-전기 |

| 구분 | | 재래식 잠수함 | | |
|---|---|---|---|---|
| 승조원 | | 52명 | 52명 | 37명 |
| 탐지<br>장비 | 레<br>이<br>더 | 대함<br>* MRP-25 Snoop Tray | 대함<br>* MRP-25 Snoop Tray | 대함<br>* I-band |
| | 소<br>나 | 선체부착<br>* MGK-400 | 선체부착<br>* MGK-400 | 선체부착<br>예인배열 |
| 무장 | 미<br>사<br>일 | 대공미사일<br>* SA-N-5 Grail | 대공미사일<br>* SA-N-5 Grail<br>대함미사일<br>* SS-N-27A Sizzler | 대지미사일<br>* SS-N-30A<br>대함미사일<br>* SS-N-27A Sizzier |
| | 어<br>뢰 | 533mm 6기 | 533mm 6기 | 533mm 6기 |
| 특징 | | 폴란드, 루마니아, 알제리, 이<br>란, 중국 등에 수출 | 이중 선체 설계로 충격에 강<br>하며, 스텔스 기능 보유 | AIP 방식 채택<br>최신 재래식 잠수함 |

## ■ 항공기

| 기종 | MIG-29K | SU-33 | IL-38N | Ka-27 |
|---|---|---|---|---|
| 대표형상<br>/<br>명칭 | Fulcrum | Flanker D | May | Helix |
| 전력화시기 | 2012년 | 1998년 | 2012년 | 1982년 |
| 운용대수 | 19대 | 17대 | 33대 | 63대 |
| 기장/기고 | 17.37m/4.73m | 21.19m/5.72m | 40m/10m | 11.3m/5.5m |
| 최대속력 | 2,200km/h<br>(마하 2 이상) | 마하 2.17 | 675km/h | 270km/h |
| 작전반경 | 1,400nm | 2,160nm | 1,187nm | 432nm |
| 운용고도 | 16,000m | 17,000m | 9,995m | 5,000m |
| 승조원 | 1명 or 2aud | 1명 | 7~8명 | 2명 |
| 탑재<br>장비 | • Phazotron-Zhuk-MK | • N001 레이더<br>  * 탐지거리 290km,<br>   추적거리 165km<br>• 미사일 접근 경보<br>  시스템<br>• 전자전 대응장비 | • Novella 시스템<br>  * 차세대 고해상도<br>   레이더 시스템<br>• 장탈착식 수중음향<br>  시스템<br>• EO/IR | • MAD<br>• 디핑소나 |

| 기종 | MIG-29K | SU-33 | IL-38N | Ka-27 |
|---|---|---|---|---|
| 무장 | • RVV-AE, R-73E, kh-35U 미사일<br>• 500kg 이상 폭탄 탑재 가능 | • R-27R, R-73E, kh-41 미사일<br>• 500kg급 FAB-500 폭탄<br>• RBK-500 클러스터 폭탄 | • 9,000kg 이상 폭탄 탑재 가능<br>• 각종 어뢰 탑재가능 | • AT-1M 어뢰<br>• RGB-NM소노부이 |
| 특징 | • 러시아 최신 함재기 | • 러시아 주력 함재기<br>• 2015년 이후 퇴역 진행 | • 러시아 주력 해상 초계기<br>• 개량형 센서 장비 탑재, 수색/정찰 능력강화 | • 해상작전헬기<br>• 우크라이나, 중국, 인도 등에서 운용 |

## ■ 무장 분류

| 구분 | 무장종류 |
|---|---|
| 어뢰<br>(Torpedo) | ① VTT-1 (NATO : E45-75A) |
| | ② APR-2E, APR-3E and APR-3ME torpedoes |
| | ③ Type 65/DT/DST 92 |
| | ④ UMGT-1 (APSET-95) (NATO : E40-79) |
| | ⑤ VA-111 Shkval/Shkval-E |
| | ⑥ Type 53 Series Torpedoes (SAET/SET) |
| | ⑦ AT-2 (NATO : Type E53-72) |
| | ⑧ TEST-71 Series (TEST-71M/M-NK/TEST-71ME/ME-NK/TEST-71E) |
| | ⑨ TEST-96 |
| | ⑩ UGST/UGST-M |
| | ⑪ Type 40 (SET-40/72/USET-95) |
| 기뢰<br>(Mines) | ① MDM/UDM series |
| | ② SMDM series |
| | ③ PMR/PMT/PMK-1/2 |
| | ④ MSHM |
| | ⑤ M-08 |
| | ⑥ M-12, M-16 |
| | ⑦ M-26 |

| 구분 | 무장종류 |
| --- | --- |
| 대잠로켓 & 폭뢰<br>(ASW rocket &<br>Depth Charges) | ① RBU 12000 |
| | ② S-3V Zagon-1 |
| | ③ RBU ASW Rocket Launchers |
| | ④ RBU 2500 |
| | ⑤ RBU 6000 |
| | ⑥ RPK-8E |
| 대잠/대수상 유도무기<br>(Guided ASW/<br>ASUW Weapons) | ① SS-N-14 Silex URK-5 |
| | ② SS-N-15 Starfish (RPK-2 Vyuga/Tsakra) |
| | ③ YP-85 |
| 전략 & 순항 미사일<br>(Strategic & Cruise<br>Missiles) | ① SS-N-8 Sawfly (RSM-40 Vyosta) |
| | ② SS-N-18 Stingray (R-29R Volna) |
| | ③ SS-N-20 Sturgeon (R-39 Taifun) |
| | ④ SS-N-23 Skiff (RSM-54/R-29RM/R-29RMU Sineva) |
| | ⑤ SS-N-19 Shipwreck (P-500 Granit) |
| | ⑥ SS-N-21 Sampson (RK-55 Granat/3M10) |
| | ⑦ SS-NX-27 Alfa |
| | ⑧ SS-N-27 Sizzler(Klub-S/N) |
| | ⑨ SS-N-26 Yakhont |
| | ⑩ SS-NX-32 (Bulava 30/RSM-56) |
| | ⑪ SS-N-30A (3M14) |
| | ⑫ SCALP Naval (Land Attack Missile) / Storm Shadow |
| | ⑬ BrahMos (PJ-10) |

## 2) 러시아 해군 함명 제정 기준

- 함명은 역사, 정치, 풍속 및 특별한 시대의 취향을 반영한다. 함명을 통해 그 함정이 어느 국가에 속해 있는지, 어느 함형인지 파악할 수 있다. 함정에 이름을 부여하는 것은 기원전 1,500년 전 고대 이집트에서 파라오의 함대에 함명을 부여하면서 시작되었다.

- 러시아는 1936년 프레드릭 공작의 공적을 기리기 위해 '프레드릭함'이 함선 최초로 함명을 부여받음. 군함으로는 알렉세이 미하일로비치 황제가 데디노프에서 건조된 군함 함수에 독수리를 걸어놓으라고 명령하면서, 그 배의 이름을 아룔(Орёл : 러시아어로 '독수리'를 의미)라고 명명함. 이후 표트르 대제 이후로는 본격적으로 배에 이름을 부여하기 시작함.

- 표트르 대제는 함명에 큰 의미를 부여하였는데, 이는 함명을 통해 러시아의 위대함을 과시하고 정신력과 애국심을 고취할 수 있다고 판단했기 때문임. 표트르 대제는 함명을 제정하는 원칙을 수립함. 함명은 그 함의 임무, 크기, 특성들을 고려하여 제정함

| 함 규모에 따른 분류 | 명칭 부여 |
|---|---|
| 대형함 | 러시아가 역사적으로 중요한 전투를 하거나 승리를 한 장소 |
| 중형함 | 러시아 정교회의 세례명 |
| 소형함 | 조류, 짐승, 강 등의 명칭 (후에는 로마노프 왕조의 이름을 부여) |

또한, 전투에서 활약했던 군함의 명칭을 다음 세대에서 다시 사용함.

| 재사용에 따른 분류 | 명칭 재부여 원칙 |
|---|---|
| 정신 계승 원칙 | 모스크바(총 18회), 나제즈다(희망, 22회) |

- 증기선이 발명되자 발틱함대에서는 새로운 명칭을 부여함.

| 시기 | 명칭 부여 |
|---|---|
| 증기선 등장 | 해양과 관련된 기후현상, 동물(조류, 어류, 곤충) 명칭<br>ex) 그롬(천둥), 몰니야(번개), 루살카(물의 요정 이름), 까마르(모기) |

## ■ 20~21세기 러시아 함정 제정 원칙

| 시대별 분류 | 명칭 부여 |
|---|---|
| 1902년부터 | • 구축함에 '형용사' 사용<br>　ex) 스꼬리이(신속한), 샤슬리븨이(행복한) |
| 1914년 | • 함명을 부여하는 방식을 정립하여 '공식 문서화' 시행<br>• 표트르 대제 시절 정립된 명명 방식 계승<br>• 잠수함에 은밀성, 기습 등 적을 기만하는 짐승의 특징을 반영<br>　'어류', '짐승', '조류' 이름을 명명함<br>　ex) 찌그르(호랑이), 카샬로트(향유고래), 우고리(뱀장어) |
| 1920~1930년대 | • 러시아 혁명시기 : 공산당원, 정부 유명인사 및 군인의 이름 사용 |
| 제2차 세계대전 | • 콤스몰스키(러시아 공산청년동맹) 조직의 이름을 빌려 함명 제정 |
| 제2차 세계대전<br>종료 이후 | • 함명 제정 원칙 적용<br>① 유명한 장군 및 제독, 대도시 이름<br>② 혁명 이전의 함명 제정방식 사용<br>③ 제2차 세계대전 기간 '전쟁 영웅' 이름 |
| 구소련 시대 | • 항공모함, 순양함 같은 대형 함정에 '위인이름', '대도시', '국가명' 사용<br>　ex) 헬기탑재 대잠함(순양함, 구축함) : 모스크바, 레닌그라드, 키예프, 민스크<br>　　　원자력추진 순양함 : 키로프, 어드미럴 라제레프, 표트르 벨리키<br>• 중소형 호위함, 경비함에 '형용사' 사용<br>　ex) 그롬끼(우렁찬), 싸베르셴느이(완벽한)<br>• 소형 함정 또는 보조함정 '자연현상' 사용<br>　ex) '비흐리(회오리) |
| 21세기 | • 신형 함정들이 건조되면서 이러한 원칙들은 지켜지지 않고 있음. |

## 3) 러시아 해군기의 의미

- '세인트 앤드류(성 안드레이)'의 깃발로 알려져 있는 러시아의 해군기는 제정 러시아 시대(1712~1918년)의 해군기로 사용되었고, 소련이 무너진 후 1992년부터 다시 러시아 연방 해군기로 사용되어 오늘날까지 이르고 있음. 이 해군기의 모양은 흰색 바탕에 파란색 크로스의 형상을 하고 있으며, '세인드 앤드류의 크로스(Saint Andrew's Cross)'라고 불림.

- 1698년 표트르 대제는 즉위 후 전쟁의 승리와 국방의 의무를 기념하는 첫 번째 기념 메달을 만들 때부터 'Saint Andrew's Cross'를 사용할 만큼 이 모양을 매우 좋아했음. 해군 창설과 함께 정식으로 해군기로 정함. 성인 안드레이는 예수 그리스도의 12 제자 중 한 명으로 러시아에 최초로 복음을 전파한 인물임. 성 안드레이를 상징하는 'X'는 그리스어로 '예수 그리스도' 단어의 첫 단어로써 표트르 대제가 해군기의 모양으로 선정한 가장 큰 이유가 됨.

※ 성 안드레이 십자가(영어 : Saint Andrew's Cross, 라틴어 : Crux Decussata)는 두 개의 직선이 대각선으로 교차한 'X' 자 모양의 십자 문양임. 이름은 예수의 12명의 사도 가운데 한 사람으로서 X자 모양을 한 십자가에서 처형된 것으로 알려진 성 안드레아에서 유래됨. 푸른 바탕에 흰색 십자가이거나 흰색 바탕에 파란 십자가인 경우인 깃발을 '솔타이어(Saltire)라고 함. 스코틀랜드의 국기, 러시아 해군의 군함기와 함수기, 캐나다 노바스코샤 주의 기 등에 이용되고 있음.

| 사도 안드레아 | 러시아 함미 해군기 | 러시아 해군의 다양한 기 |
| --- | --- | --- |
| 러시아 해군기 | 스코틀랜드 국기 | 러시아 해군 함수기 |

# 4) 러시아 해군 계급

## ■ 제독 및 장교

| 구분 | | 해상근무자 | | 지상근무자 | 해군항공 |
|---|---|---|---|---|---|
| | | 어깨견장 | 소매견장 | | |
| 대장 | Admiral of the fleet | | | | |
| 상장 | Admiral | | | | |
| 중장 | Vice Admiral | | | | |
| 소장 | Counter Admiral | | | | |

| 구분 | | 해상근무자 | | 지상근무자 | 해군항공 |
|------|------|------------|------|------------|----------|
| 대령 | Captain 1st Rank | | | | |
| 중령 | Captain 2nd Rank | | | | |
| 소령 | Captain 3rd Rank | | | | |
| 대위 | Captain Lieutenant | | | | |
| 상위 | Senior Lieutenant | | | | |

| 구분 | | 해상근무자 | | 지상근무자 | 해군항공 |
|---|---|---|---|---|---|
| 중위 | Lieutenant | | | | |
| 소위 | Junior Lieutenant | | | | |

Офицеры и мичманы*        Матросы и старшины

* У мичманов галуны в районе запястья отсуствуют

## ■ 준/부사관 및 수병

| 구분 | | 해상근무자 | 지상 / 해군항공 근무자 | |
|---|---|---|---|---|
| 준위 | Senior Michman | | | |
| | Michman | | | |
| 원사 | Glavny Starshina of the Ship | | | |
| 상사 | Glavny Starshina | | | |

| 구분 | | 해상근무자 | 지상 / 해군항공 근무자 |
|---|---|---|---|
| 중사 | Starshina 1st stage | | |
| 하사 | Starshina 2nd stage | | |
| 상병 | Starshiny matros | | |
| 일병 | Seaman | | |

# Chapter 07

# 안보·해양 관련 번역 용어 정리
## (한국어 / 영어 / 러시아어)

| 국가안보 | | |
|---|---|---|
| 국가공역 | National Airspace | Национальное Воздушное Пространство |
| 국제테러리즘 | International Terrorism | Международный Терроризм |
| 군사경제력 | Economic War Potential | Военно-экономический Потенциал |
| 군사도발 | War Provocation | Военная Провокация |
| 군사정전위원회 | Military Armistice Commission(MAC) | Военная Комиссия по Перемирию |
| 대량살상무기 | Mass Slaughtering Weapons | Оружие Массового Уничтожения(ОМУ) |
| 대전략 | Grand Strategy | Большая Стратегия |
| 대테러 | Counter Terrorism | Противодействие Терроризму |
| 동원계획 | Mobilization Plan | Мобилизационный план |
| 동원령 | Issuance of Mobilization Order | Приказ о Мобилизации |
| 불가침조약 | Nonaggression Treaty | Договор в Ненападении |
| 상호억제전략 | Mutual-Deterrence Strategy | Стратегия Взаимного Сдерживния |
| 세력균형 | Balance of Power | Баланс Сил |
| 억제전략 | Deterrence Strategy | Стратегия Сдерживания |
| 예방전쟁 | Preventive War | Превентивная Война |
| 위기관리 | Crisis Management | Управление Кризисом |
| 위기조치기획 | Crisis Action Planning | Планирование на Случай Кризисной Ситуации |
| 유연반응전략 | Flexible Response Strategy | Стратегия Гибкого реагирования |
| 재난통제계획 | Disaster Control Plan | План защитных мероприятий и спасательно-восстановительные работы |
| 적색경보 | Warning Red | Воздушное Нападение Неизбежно |
| 전략폭격기 | Strategic Bomber | Стратегический Бомбардировщик |

| 국가안보 | | |
|---|---|---|
| 전략 핵무기 | Strategic Nuclear Weapon | Стратегическое ЯО |
| 집단안전보장 | Collective Security | Система Коллективной Безопасности |
| 집단적 자위권 | Right o f Collective Self-Defense | Право на Коллективную Самооборону |

| 국방부·합동참모본부 | | |
|---|---|---|
| 국방부 | Ministry of Defense | Министерство Обороны(МО) |
| 군령 | Military Command | Военное Командование |
| 군방어편제 | Defensive Force Posture | Оборонительная Организационная Структура ВС |
| 군사경제국 | Military and Economic Affairs Bureau | Управление по Военно-экономическим Вопросам |
| 군사경제정보국 | Military Economic Intelligence | Военно-экономическая Разведка |
| 군사분계선 | Military Demarcation Line | Военная Демаркационная Линия |
| 군사전략기획 | Military Strategy Planning | Планирование Военной Стратегии |
| 군사첩보 | Military Information | Военная Информация |
| 군사태세 | Military Posture | Состояние ВС |
| 군수체계 | Logistic System | Системы МТО |
| 대정보 | Counter Intelligence | Контрразведка |
| 우선정보요구 | Priority Intelligence Requirements(PIR) | Первоочерёдное Информационное Задание |
| 지휘소연습 | Command Post Exercise(CPX) | Командно-Штабные Учения |
| 지휘통제·통신·컴퓨터·정보 및 감시·정찰 | Command, Control, Communications, Computers, Intelligence, Surveillance and Reconnaissance (C4ISR) | Командование, Управление, Связь, Компьютеры, Разведка, Наблюдение и Рекогносцировка |
| 징집 | Conscription | Военная Служба по Призыву |
| 합동부대 | Joint Forces | Объединённые Силы |
| 합동참모 | Joint Staff | Объединённый Штаб КНШ (комитет начальников штабов) |
| 합동참모회의 | Joint Chiefs of Staff Council | Объединённый Комитет Начальников Штабов (ОКНШ) |

| 국방부·합동참모본부 | | |
| --- | --- | --- |
| 화력지원협조본부 | Fire Support Coordination Center (FSCC) | Пункт Координации Огневой Поддержки |
| 후방지휘소 | Rear Command Post | Тыловой Пункт Управления |

| 해양 | | |
| --- | --- | --- |
| 공해 | Open Sea | Открытое Море |
| 공해자유권 | Freedom of The High Sea | Свобода Отрытого Моря |
| 무해통항권 | Right of Innocent Passage | Право плавания в чужих территориальных водах военных судов, не имеющих враждебных намерений(국제정치) Право мирного пролёта, право мирного прохода(국제법) |
| 북빙양 | Nortern Ice Ocean | Северный Ледовитый Океан |
| 선박통제 및 보호 | Control and Protection of Shipping | Меры по Контролю и Защите Судоходства |
| 안전항로 | Safety Lanes | Безопасный маршрут перехода подводной лодки, проход в минновзрывном заграждении |
| 영해 | Territorial Waters | Территориальные воды |
| 항로고시 | Sailing Directions | Руководство для Плавания |

| 해군 | | |
| --- | --- | --- |
| 해군 | Navy | Военно-Морской Флот(ВМФ) |
| 교전규칙 | Rules of Engagement | Правила Применения Силы |
| 구조잠수함 | Salvage Submarine | Спасательное Судно Подводных Лодок |
| 극한지 작전 | Cold Weather Operation | Военные Действия в Условиях Низких Температур |
| 기동상륙강습교량 | Mobile Amphibious Assault Bridge | Самоходный Наплавной Штурмовой Мост |
| 대대상륙단 | Battalion Landing Team(BLT) | Батальонная Десантная Группа |
| 대양해군 | Ocean Going Navy | ВМС для Операции в Мировом Океане |
| 등화관제 | Blackout | Светомаскировка |
| 미식별선박 | Unidentifed Ship | Неопознанный Корабль |
| 북양함대 | Northern Fleet | Северный Флот |

| 해군 | | |
|---|---|---|
| 북극합동전략사령부 | Arctic Joint Strategic Command | Север |
| 비상탈출 | Ejection | Срочно подниматься на поверхность |
| 상륙양동 | Amphibious Demonstration | Демонстрация высадки морского десанта |
| 선단항로 | Convoy Route | Маршрут Движения Колонны |
| 심해잠수정 | Deep-Submergence Vehicle | Глубоководные Подводные Лодки |
| 연안호송선단 | Coastal Convoy | Прибрежный конвой |
| 위치부표 | Position Buoy | Буй-обозначитель, Туманный Буй |
| 이함 | Abandon Ship | Покидать Корабль |
| 잠수함 고시 | Submarine Notice(SUBNOTE) | Извещение ПЛ |
| 조사 레이더 | Illuminator Radar | РЛС подсветки |
| 조함 | Ship Handling | Управление Кораблём |
| 주통제함 | Primary Control Ship | Главный Корабль Управления |
| 창정비 | Depot Maintenace(DM) | ТО в Ремонтной Мастерской |
| 최소위험경로 | Minimum Risk Route(MRR) | Маршрут с Минимальным Риском |
| 항모강습부대 | Carrier Striking Force | Авианосные Ударные Силы |
| 해공협동 | Hunter-Killer Operation | Поиского-Ударная Операция |
| 해군선박통제 | Naval Control of Shipping | Контроль ВМС за Судоходством |
| 해군선박통제연락장교 | Naval Control of Shipping Liaison Officer | Офицер Связи ВМС по Контролю за Судоходством |
| 해군작전 | Naval Operation | Операция ВМС |
| 해군전술자료체계 | Naval Tactical Data System (NTDS) | Автоматизированная Система Управления Боевыми Действиями Кораблей |
| 해군특수전 | Naval Special Warfare | Специальные Операции ВМС |
| 해군특수전대 | SEAL : Sea, Air and Land | Силы Специального Назначения ВМС |
| 해군항공 | Naval Aviation | Морская Авиация |
| 해병합동상륙작전 | Marine Amphibious Combined Operation | Совместная Десантная Операция МП |
| 해상상륙작전 | Amphibious Landing Operation | Морская Десантная Операция |

# 부 록

- 러시아연방 국가안보전략 / 러시아연방 대통령령 제400호(2021.7.2.)

- 러시아연방 군사독트린 / 러시아연방 대통령령 제2976호(2014.12.25.)

- 러시아연방 해양독트린 / 러시아연방 대통령령 (2015.7.27.)

- 2030년까지 러시아연방 해군활동분야 기본정책 / 러시아연방 대통령령 제327호(2017.7.20.)

- 2035년까지 러시아 북극권의 발전과 국가안전보장전략 / 러시아연방 대통령령 제645호(2020.10.26.)

■ 러시아연방 국가안보전략/러시아연방 대통령령 제400호(2021. 7. 2.)

## УКАЗ

### ПРЕЗИДЕНТА РОССИЙСКОЙ ФЕДЕРАЦИИ

О Стратегии национальной безопасности
Российской Федерации

В соответствии с федеральными законами от 28 декабря 2010 г. № 390-ФЗ "О безопасности" и от 28 июня 2014 г. № 172-ФЗ "О стратегическом планировании в Российской Федерации" п о с т а н о в л я ю:

1. Утвердить прилагаемую Стратегию национальной безопасности Российской Федерации.

2. Признать утратившим силу Указ Президента Российской Федерации от 31 декабря 2015 г. № 683 "О Стратегии национальной безопасности Российской Федерации" (Собрание законодательства Российской Федерации, 2016, № 1, ст. 212).

3. Настоящий Указ вступает в силу со дня его подписания.

Президент
Российской Федерации        В.Путин

Москва, Кремль
2 июля 2021 года
№ 400

〈그림1〉 러시아연방 대통령령 제400호(2021. 7. 2.), 「러시아연방 국가안보전략」

☐ **주요내용**
- 구성 : 러시아연방의 전략계획 문서, 총 106개 조항
- 목적 : 국내외 위협을 무력화하고 국가의 개발 목표를 달성하기 위한 우선순위 구현
- 요지 : 국내·외 위협으로부터 러시아연방의 국가이익보장, 전략적 국가 우선순위,
  국가 안보 위협요인, 국가안보 시스템 등 세부 내용 명시
- 시행 : 러시아연방 대통령령 제400호(2021. 7. 2.)
  * 대통령령 683호(2015.12.31.)로 승인된 「러시아연방의 국가안보전략에 관하여」 효력 중지

# Ⅰ. 일반조항

1. 러시아연방이 국방력, 내부통합, 정치적 안정을 강화하고 경제를 현대화하며 산업 잠재력을 발전시키기 위해 일관되게 추구하는 노선은 자주적인 국내외 정책을 추진할 수 있는 국가로서 러시아의 주권 국가 강화를 보장함, 외부 압력 효과적으로 저항함.

   러시아연방 헌법은 러시아 사회의 기초를 형성하는 기본 가치와 원칙, 국가안보, 법적 사회 국가로서의 러시아의 추가 발전, 권리와 자유의 준수 및 인간과 시민의 보호, 시민의 복지 향상, 러시아연방 시민의 존엄성을 보호하는 것이 가장 중요함. (이하 시민).

   강한 국가와 시민 복지의 조화로운 결합만이 정의로운 사회의 형성과 러시아의 번영을 보장할 것임. 이를 위해서는 외부 및 내부 위협을 무력화하고 국가 개발 목표를 달성하기 위한 조건을 만드는 것을 목표로 러시아연방의 전략적 국가 우선순위를 구현하기 위한 조정된 조치가 필요함.

2. 동 전략은 러시아연방의 국가 이익과 전략적 국가 우선순위, 국가 안보 및 장기적으로 러시아연방의 지속 가능한 발전을 보장하는 분야에서 국가 정책의 목표와 목적을 정의하는 기본 전략 계획 문서임.

3. 동 전략은 러시아연방의 국가안보와 국가의 사회경제적 발전의 불가분의 관계와 상호의존성에 기초함.

4. 동 전략의 법적근거는 러시아연방 헌법, 2010년 12월 28일의 연방법 N 390-FZ "보안에 관한" 및 2014년 6월 28일의 N 172-FZ "러시아연방의 전략적 계획에 관한", 기타 연방법, 러시아연방 대통령의 규범적 법적 행위.

5. 동 전략은 다음과 같은 기본 개념을 사용함.
   1) 러시아연방의 국가안보 - 외부 및 내부 위협으로부터 러시아연방의 국가 이익을 보호하여 시민의 헌법적 권리와 자유의 구현, 적절한 질적 생활 수준, 국민의 평화와 조화, 러시아연방의 주권 보호, 독립 및 국가 무결성, 국가의 사회-경제적 발전
   2) 러시아연방의 국익 – 개인, 사회, 국가의 보호와 안정적 발전을 보장함에 있어 객관적으로 요구되는 사항
   3) 러시아연방의 전략적 국가 우선순위 - 러시아연방의 국가 안보와 지속 가능한 발전을 보장하기 위한 가장 중요한 방향성

4) 국가 안보 보장 - 시민 사회 기관 및 조직과 협력하여 공공 기관이 국가 안보 위협에 대응하기 위한 정치, 법률, 군사, 사회 경제, 정보, 조직 및 기타 조치를 이행함.

5) 국가 안보에 대한 위협 - 러시아연방의 국가 이익에 직·간접적인 피해를 줄 수 있는 일련의 조건 및 요인

6) 국가 안보 보장 시스템 - 국가 안보 보장을 실현하는 분야에서 국가 정책을 시행하는 일련의 공공 기관

# II. 현대 세계의 러시아: 동향과 기회

6. 현대 사회는 변화의 시기를 겪고 있음. 세계 경제 및 정치 발전 중심의 증가, 새로운 글로벌 및 지역 주도 국가의 위치 강화는 세계 질서 구조의 변화, 세계의 새로운 건설, 원칙의 형성으로 이어짐.

7. 헤게모니를 유지하려는 서구 국가의 열망, 경제 개발의 현대 모델 및 도구의 위기, 국가 발전의 불균형 심화, 사회적 불평등 수준의 증가, 초국가적 기업의 열망과 국가의 역할은 국내 정치 문제의 악화, 국가 간 모순의 증가, 국제 제도의 영향력 약화 및 효율성 글로벌 안보 시스템의 감소를 동반함.

8. 세계의 불안정이 심화되고 급진적·극단주의 감정이 증대되면서 경제적 파괴, 전통적 가치, 기본적 인권을 무시하는 등 대내·외적으로 증가하는 국가 간 모순을 해결하려는 시도로 이어질 수 있음.

9. 지정학적 긴장이 고조되는 상황에서 러시아연방의 외교 정책은 국제법, 보편적이고 평등 한 안보 원칙에 기반한 국제관계시스템의 안정성을 높이고 경계를 구분하지 않고 다자간 협력을 심화하는 데 기여해야 함. 유엔(UN)과 안전보장이사회의 중앙 조정 역할을 하면서 글로벌 및 지역 문제를 공동으로 해결하기 위한 블록 접근 방식을 추구함.

10. 러시아연방의 국가안전보장 분야의 국가 정책 이행은 내부 안정을 증진하고 러시아의 경제적, 정치적, 군사적 잠재력을 구축하는 데 기여하며, 이는 러시아연방이 세계의 영향력이 있는 중심지로서 역할을 강화하는 데 필요함.

11. 현재 러시아 사회의 결속력과 시민 의식이 강화되고 전통적인 영적 및 도덕적 가치를 보호해야 할 필요성에 대한 인식이 높아지고 시민의 사회 활동이 증가하고 가장 시급한 문제 해결에 대한 참여 지역 및 국가에서 중요한 문제가 대두됨.

12. 국가 및 공공 안전, 영토 보전 및 국가 주권이 적절한 수준에서 보장되고 테러 활동 수준이 크게 감소함. 군사 정책을 일관되게 실행하면 군사적 위협으로부터 러시

아연방을 보호할 수 있음. 러시아연방 내정에 대한 외부 간섭 시도는 효과적으로 억제됨.

13. 러시아연방은 경제 회복력을 전 세계에 보여주고 외부 제재 압력을 견딜 수 있는 능력을 입증했다. 경제의 주요 부문에서 수입 의존도를 줄이기 위한 작업이 계속되고 있음. 식량 및 에너지 안보 수준이 높아졌음.

14. 러시아연방을 새로운 수준의 경제 발전으로 이끌고 시민의 삶의 질을 향상시키기 위해 부정적인 인구 통계학적 추세를 극복하고 의료 분야의 시스템 문제를 해결하고 빈곤을 줄이기 위한 포괄적인 조치가 취해지고 있음. 소득 수준에 따라 사회를 계층화하여 환경 상태를 개선함. 과학적 잠재력의 개발, 교육의 질 및 접근성 향상은 러시아 경제의 구조 조정을 가속화 할 것임.

15. 외국의 비우호적인 행동을 포함하여 외부 및 내부 위협으로부터 러시아연방의 국익을 보장하고 보호하기 위해 러시아연방의 기존 성과와 경쟁 우위를 사용하는 효율성을 높일 필요가 있습니다. 세계 개발의 장기적인 추세를 고려합니다.

16. 세계 경제 침체, 글로벌 통화 및 금융 시스템의 안정성 저하, 시장 및 자원에 대한 경쟁 심화, 불공정 경쟁 관행, 금융 및 무역 분야를 포함한 보호무역주의적 조치와 제재가 더욱 확산 중에 있음. 이익을 얻기 위해 다수 국가들이 러시아와 그 파트너 국가들에게 공개적인 정치적, 경제적 압력을 행사하고 있음. 기후 변화 문제와 환경 보존에 관한 세계 공동체의 관심은 수출 시장에 대한 러시아 기업의 접근을 제한하고, 러시아 산업 발전을 억제하고, 운송 경로에 대한 통제를 확립하고, 러시아가 북극을 개발하는 것을 막음.

17. 지정학적 불안정과 갈등의 증가, 국가 간 모순의 심화는 군사력 사용 위협 증가를 동반함. 보편적으로 인정되는 국제법 규범과 원칙의 완화, 기존 국제법 제도의 약화 및 파괴, 군비통제 분야의 조약 및 협정 체계의 지속적인 해체는 군사적 긴장 고조 및 가중시킴 -러시아연방 국경 근처를 포함한 정치적 상황. 일부 국가의 행동은 전통적인 동맹국과 러시아의 관계를 파괴하기 위해 독립 국가 연합(CIS)의 붕괴 과정을 고무하는 것을 목표로 함. 러시아를 위협하고, 심지어는 군사적 적으로 부르고 있음. 핵보유국과 관련된 전쟁을 포함하여 무력 충돌이 국지적 전쟁으로 확대될 위험이 커지고 있음. 우주 및 정보 공간은 군사 작전의 새로운 영역으로 활발히 탐색 중임.

18. 러시아연방을 고립시키려는 열망과 국제 정치에서 이중 잣대를 사용하는 것은 유럽을 포함한 모든 국가에 평등하고 불가분의 안보를 보장하는 것과 같은 세계 공동체의 중요한 영역에서 다자간 협력의 효율성 향상을 방해함. 테러와의 전쟁, 극단주의, 마약 사업, 조직 범죄, 전염병 확산, 국제 정보 보안 보장, 환경 문제 해결.

19. 도덕적 지도력의 문제와 미래 세계 질서를 위한 매력적인 이데올로기적 토대 구축이 점점 시급해지고 있음. 서구 자유주의 모델의 위기를 배경으로 많은 국가들이 고의적으로 전통적 가치를 흐리게 하고, 세계사를 왜곡하며, 러시아의 역할과 위치에 대한 견해를 재고하고, 파시즘을 재건하고, 인종과 종교를 선동하려는 시도를 하고 있음. 러시아에 대한 적대적인 이미지를 만들기 위한 정보 캠페인이 진행되고 있음. 러시아어 사용이 제한되고 러시아 대중 매체의 활동 및 러시아어 정보 자원의 사용이 금지되며 러시아 선수에 대한 제재가 부여됨. 러시아연방은 국제 의무 위반, 컴퓨터 공격, 외국의 내정간섭. 해외에 거주하는 러시아 시민과 동포는 차별과 공개적인 박해를 받음.

20. 비우호적인 국가들은 러시아연방의 기존 사회경제적 문제를 이용하여 내부 통합을 파괴하고, 저항 운동을 고무하고 급진화하며, 주변 집단을 지원하고, 러시아 사회를 분열시키려함. 점점 더 간접적인 방법이 러시아연방 내에서 장기적인 불안정을 유발하는 데 사용됨.

21. 러시아연방을 견제하기 위한 정책의 시행을 배경으로, 국가가 주권, 독립, 국가 및 영토 보전을 강화하고 러시아 사회의 전통적인 영적 및 도덕적 기반을 보호하고, 국방 및 보안, 러시아연방 내정 간섭 방지를 보장하는 것이 매우 중요함.

22. 장기적으로 세계에서 러시아연방의 위치와 역할을 결정하는 주요 요소는 높은 수준의 인적 잠재력, 기술 리더십을 제공하는 능력, 공공 행정의 효율성 및 새로운 경제 체제로의 경제 이전임. 기술 기반. 과학, 혁신, 산업, 교육, 의료 및 문화 상태가 러시아 경쟁력의 핵심 지표로 변하고 있음. 이 분야의 최전선에 진입하면 국가의 국방 능력을 더욱 강화하고 국가 발전 목표를 달성하며 러시아연방의 국제적 위상을 높이고 다른 국가에 대한 러시아연방과의 협력을 높일 수 있는 여건을 조성할 것임.

23. 새로운 아키텍처, 세계 질서의 규칙 및 원칙의 형성은 새로운 도전과 위협뿐만 아니라 추가 기회의 출현으로 러시아연방에 동반됨. 러시아의 장기적인 발전 전망과 세계에서의 위치는 내부 잠재력, 가치 체계의 매력, 공공 행정의 효율성을 향상시켜 경쟁 우위를 실현할 준비와 능력에 의해 결정됨.

24. 러시아연방은 평등한 다자간 협력의 확대, 글로벌 긴장 완화, 국제 안보 강화, 상호 작용 메커니즘 개발 및 다양한 개발 센터의 이해 조화, 공동 접근 방식 결정을 위한 보편적 국제 기구의 강화 및 개발을 지지함. 경제 및 무역 분야의 행동 규칙. 세계의 미래에 대한 입장과 공동의 책임은 모든 국가가 공동으로 지구 문제를 해결하고 지구 국가 및 지역의 사회 경제적 발전을 평등하게 하며 인류의 도덕적, 육체적 건강을 보존할 수 있는 더 많은 기회를 얻을 수 있음.

## III. 러시아연방의 국가 이익과 전략적 국가 우선순위

25. 러시아연방 및 세계 상황 발전의 장기적인 추세를 고려하여 현재 단계에서 국가 이익은 다음과 같음.
    1) 러시아 국민을 구하고 인간 잠재력을 개발하며 시민의 삶의 질과 복지 향상
    2) 러시아연방의 헌법 질서, 주권, 독립, 국가 및 영토 보전의 보호, 국가의 방어 강화
    3) 국가의 시민 평화와 조화 유지, 법치 강화, 부패 근절, 불법 침해로부터 시민과 모든 형태의 소유권 보호, 국가와 시민 사회 간의 상호 작용 메커니즘 개발
    4) 안전한 정보 공간의 개발, 파괴적인 정보 및 심리적 영향으로부터 러시아 사회 보호
    5) 새로운 기술 기반에서 러시아 경제의 지속 가능한 발전
    6) 환경 보호, 천연자원 보존 및 천연자원의 합리적 사용, 기후 변화 적응
    7) 러시아인의 문화적, 역사적 유산을 보존하고 전통적인 러시아의 정신적, 도덕적 가치 강화
    8) 전략적 안정을 유지하고, 평화와 안보를 강화하고, 국제 관계의 법적 기반 강화

26. 러시아연방의 국익을 보장하고 보호하는 것은 공공 기관, 조직 및 시민 사회 기관의 노력과 자원을 다음 전략적 국가 우선순위의 구현에 집중함으로써 수행됨.
    1) 러시아 국민을 구하고 인간의 잠재력 개발
    2) 국가의 방어
    3) 국가 및 공공 보안
    4) 정보 보안
    5) 경제적 안정
    6) 과학 및 기술 개발
    7) 환경 안전 및 천연자원의 합리적인 사용
    8) 전통적인 러시아의 정신적, 도덕적 가치, 문화 및 역사적 기억의 보호
    9) 전략적 안정과 호혜적인 국제협력

## IV. 국가 안보 보장

27. 국가 안보는 전략적 국가 우선순위의 틀 내에서 구상된 목표를 달성하고 임무를 완수함으로써 보장됨.

28. 국민은 러시아연방의 주권과 주요 자산의 소유자임. 러시아의 정신적, 도덕적 이상과 문화적, 역사적 가치, 인민의 재능은 국가의 근간이 되며 국가의 추가 발전을 위한 토대임.

29. 러시아연방에서 시행되는 국가 사회 경제 정책은 사람의 품위있는 삶과 자유로운 발전을 보장하고 시민의 건강을 개선하고 기대 수명을 늘리고 사망률을 낮추고 주택 조건을 개선하고 기회를 확대하기 위한 조건을 만드는 것을 목표로 함.

30. 가족, 모성, 부성 및 아동기, 장애인 및 노인, 자녀 양육, 영적, 도덕적, 지적 및 신체적 발달 전반에 대한 지원에 특별한 주의를 기울임. 기성세대의 쾌적한 생활을 위한 여건이 활발하게 형성되고 있음. 출생률을 높이는 것은 러시아 인구를 늘리기 위한 전제 조건이 되고 있음.

31. 인간 잠재력의 추가 개발은 러시아 시민의 소득 및 복지의 지속 가능한 성장, 편안하고 안전한 생활 환경 조성, 건강한 생활 방식 형성, 전 세계적으로 조건 없는 목표를 구현하여 보장함. 의료, 위생 및 복지, 사회 보장, 교육 및 문화 분야에서 헌법상의 권리를 보장함.

32. 러시아 국민을 구하고 인간의 잠재력을 개발하는 분야의 국가 정책 목표는 인구의 지속 가능한 성장과 인구의 삶의 질 향상, 시민의 건강 개선, 빈곤 감소, 인구의 교육 수준 향상, 조화롭게 발전하고 사회적으로 책임 있는 시민 교육.

33. 러시아 국민을 구하고 인간 잠재력을 개발하는 분야에서 국가 정책의 목표를 달성하는 것은 다음 과제를 해결함으로써 보장됨.
    1) 인구의 실질 소득 증가, 저소득 시민 수 감소, 소득에 따른 시민 불평등 수준 감소
    2) 모든 시민을 위한 사회 서비스의 질과 접근성을 개선하고 장애인과 노년층의 사회 생활에 적극적으로 참여할 수 있는 여건 조성
    3) 출생률의 증가, 많은 자녀를 갖는 동기 부여
    4) 기대 수명 증가, 사망률 감소 및 인구 수준, 직업병 예방
    5) 예방 접종 및 약물 제공을 포함한 의료 서비스의 질과 접근성 개선
    6) 의료 시스템의 지속 가능성, 감염성 질병의 확산, 의약품 및 의료 기기의 매장량 생성과 관련된 문제를 포함하여 새로운 도전과 위협에 대한 적응 보장
    7) 시민이 건강한 생활 방식을 이끌고 체육 문화 및 스포츠에 참여하도록 동기 부여
    8) 생물학적 위협을 예방하고 대응하기 위한 생물학적 위험 모니터링 시스템 개발
    9) 인구의 위생 및 역학 복지를 보장하고 사회 및 위생 모니터링 시스템 개발
    10) 안전하고 고품질의 식품에 대한 물리적, 경제적 접근성 향상
    11) 아동 및 청소년의 능력과 재능의 식별 및 개발
    12) 일반 교육의 질 향상
    13) 노동 시장의 필요에 따라 시민들에게 중등 및 고등 직업 교육, 직업 훈련 및

평생 재훈련을 받을 수 있는 충분한 기회 제공

14) 러시아의 전통적인 영적, 도덕적, 문화적, 역사적 가치에 기초한 어린이와 청소년의 교육 및 육성

15) 문화 영역의 발전, 시민을 위한 문화적 혜택의 가용성 증대

16) 시민의 생활 조건 개선, 주택 가용성 및 품질 향상, 주택 및 공동 기반 시설 개발

17) 모든 정착촌에서 살기에 편안한 환경 조성, 교통 및 에너지 인프라 개발

## 국가의 방위

34. 세계의 군사 정치적 상황은 새로운 세계 및 지역 권력 중심의 형성, 영향력 영역에 대한 그들 사이의 투쟁 강화가 특징임. 국제관계의 주체들이 지정학적 목표를 달성하기 위한 수단으로서 군사력의 중요성이 증대되고 있음.

35. 러시아와 그 동맹국 및 파트너를 무력으로 압박하고, 러시아 국경 근처에 북대서양 조약 기구의 군사 기반 시설을 구축하고, 정보 활동을 강화하고, 러시아연방에 대한 군사적 위험과 군사적 위협의 강화에 기여함.

36. 글로벌 미사일 방어체제의 발전 가능성을 배경으로 미국은 군비통제 분야에서 국제적 의무를 포기하는 일관된 정책을 추진하고 있음. 유럽과 아시아 태평양 지역에 계획된 미국의 중거리 및 단거리 미사일 배치는 전략적 안정과 국제 안보에 위협이 됨.

37. 구소련 이후 공간, 중동, 북아프리카, 아프가니스탄 및 한반도의 분쟁 지역에서 긴장이 계속 고조되고 있음. 글로벌 및 지역 안보 시스템의 약화는 국제 테러리즘과 극단주의 확산의 조건을 형성함.

38. 러시아연방의 무장 방어, 영토의 무결성 및 불가침성을 준비하기 위해 국가 방위가 조직됨.

39. 국가 방위의 목표는 러시아연방의 평화로운 사회-경제적 발전을 위한 조건을 만들고 군사 안보를 보장하는 것임.

40. 국가의 국방 목표 달성은 전략적 억제 및 군사 분쟁 예방, 국가의 군사 조직 개선, 고용 형태 및 행동 방법에 의한 군사 정책 시행의 틀 내에서 수행됨. 러시아연방 군대, 기타 군대, 군대 및 조직, 러시아연방의 동원 준비태세 및 민방위 수단의 준비태세 증가. 동시에 다음 문제를 해결하는 데 특별한 주의를 기울임.

1) 기존 및 장래의 군사적 위험과 군사적 위협의 적시 식별

2) 러시아연방의 군사 계획 시스템 개선, 러시아에 대한 군사력 사용 방지, 주권 및 영토 보호를 목적으로 하는 상호 연관된 정치, 군사, 군사 기술, 외교, 경제, 정

보 및 기타 조치의 개발 및 구현

3) 충분한 수준의 핵 억제 잠재력 유지

4) 군대, 기타 군대, 군대 조직 및 조직의 전투 사용을 위해 주어진 정도의 준비태세 보장

5) 영토 밖에서 러시아연방의 국가 이익과 시민의 보호

6) 군사 조직 구성 요소의 균형 잡힌 개발, 방어 잠재력 구축, 군대, 기타 군대, 군대 조직 및 기관에 현대 무기, 군사 및 특수 장비

7) 러시아연방의 동원 훈련 및 동원을 보장하기 위한 조치 계획을 개선하고 국가의 군사 조직의 군사 기술 잠재력을 충분한 수준에서 시기적절하게 업데이트하고 유지하며 필요한 범위까지 이행

8) 현대 전쟁 및 무력 충돌의 변화하는 특성, 군대의 전투 능력을 가장 완벽하게 실현하기 위한 조건 창출, 유망한 대형 및 새로운 무장 투쟁 수단에 대한 요구 사항 개발에 대한 고려

9) 러시아연방 군수 산업 단지의 기술적 독립성, 혁신적인 개발, 무기, 군사 및 특수 장비의 새로운 모델 (복합체, 시스템)의 개발 및 생산에서 리더십 유지

10) 러시아연방 경제의 준비, 러시아연방의 구성 기관의 경제 및 지방 자치 단체의 경제, 국가 당국, 지방 정부 및 조직, 군대, 기타 군대, 군대 및 조직의 준비 무력 공격으로부터 국가를 보호하고 전시에서 국가와 인구 필요

11) 군사 충돌 또는 이러한 충돌의 결과로 발생하는 위험으로부터 러시아연방 영토의 인구, 물질적 및 문화적 가치를 보호하고, 계획하고 수행

12) 군대, 기타 군대, 군대 조직 및 조직의 직원, 법과 질서 및 군사 규율의 도덕적, 정치적, 심리적 상태를 높은 수준으로 유지

13) 군인의 애국심 교육 및 군 복무 준비

14) 군인, 가족 구성원, 제대 시민의 사회 보호 수준을 높이고 군 복무 조건 개선

## 국가 및 공안

41. 개인과 재산권의 보안을 보장하는 국가의 역할을 강화하고 법 집행 기관의 효율성을 높이고 사회의 토대를 보호하는 특별 서비스를 강화하기 위한 조치를 시행함으로써 국가와 공공의 안전을 보장함. 러시아연방의 헌법 질서, 인간과 시민의 권리와 자유, 통합 국가 범죄 예방 시스템 개선, 범죄 수행에 대한 처벌 불가피성의 원칙 구현 및 사회 형성 불법 행위에 대한 편협한 분위기

42. 취해진 조치에도 불구하고 일부 지역의 범죄 수준은 러시아연방에서 여전히 높음. 많은 범죄가 재산, 해양 생물 및 산림 자원의 사용, 주택 및 공동 서비스 영역, 신용 및 금융 영역에서 자행되고 있음. 정보통신기술을 이용한 범죄가 증가하고 있음. 극단주의적 표현은 사회-정치적 상황에 불안정한 영향을 미침.

43. 기후 변화, 산불, 홍수 및 홍수, 엔지니어링 및 운송 기반 시설의 악화, 위험한 전염병의 도입 및 확산으로 인한 자연 및 인공 비상사태의 출현과 관련된 위협이 여전히 남음.

44. 국내외의 파괴적인 세력은 러시아연방의 객관적인 사회-경제적 어려움을 부정적인 사회 과정을 자극하고 인종 및 신앙 간 갈등을 악화시키고 정보 영역에서 조작하려고 시도함. 정보 활동 및 외국의 특수 서비스 및 조직의 기타 활동은 러시아 공공 협회 및 이에 의해 통제되는 개인을 사용하여 수행되며 약화되지 않음. 국제 테러리스트 및 극단주의 조직은 러시아 시민의 선전 및 모집, 러시아 영토에 비밀 세포 생성, 불법 활동에 러시아 청소년 연루를 강화하기 위해 노력하고 있음.

45. 러시아연방에서 계속되는 사회-경제적 문제를 배경으로, 공공 행정의 효율성을 개선하고, 사회 정의를 보장하고, 부패와 예산 자금 및 국유 재산의 남용에 대한 투쟁을 강화하기 위한 사회의 필요성이 커지고 있음. 그리고 국가가 참여하는 공공기관 및 조직의 그룹 및 관련 이해관계에 영향을 받지 않는 인사 정책을 수행함.

46. 국가와 공공 안전을 보장하는 목표는 러시아연방의 헌법 질서를 보호하고 주권, 독립, 국가 및 영토의 무결성을 보장하고 인간과 시민의 기본 권리와 자유를 보호하고 시민의 평화와 조화를 강화하는 것임. 사회의 정치 및 사회 안정, 국가와 시민 사회 간의 메커니즘 상호 작용 개선, 법과 질서 강화, 부패 근절, 시민과 모든 형태의 소유권 보호, 불법적인 침범로부터 러시아의 전통적인 영적 및 도덕적 가치 보호, 인구 및 영토 보호

47. 국가 및 공공 안전 보장 목표 달성은 다음 과제 해결을 목표로 하는 국가 정책 시행을 통해 수행됨.
   1) 러시아연방 내부 문제에 대한 간섭 방지, 정보 및 기타 특수 서비스 활동, 외국 조직, 러시아연방의 국익을 손상시키는 개인, 기타 범죄적 침해 방지 러시아연방의 헌법 질서, 인간과 시민의 권리와 자유, 영감을 주는 "색깔 혁명"
   2) 러시아연방 영토에서 개최되는 사회-정치적 및 기타 행사의 보안을 보장
   3) 러시아연방 국경의 보호, 러시아연방의 영해, 배타적 경제 수역 및 대륙붕 보호, 국경 인프라 현대화, 메커니즘 개선 국경, 세관, 위생-역학 및 기타 유형의 통제
   4) 러시아연방의 법 집행 및 사법 시스템에 대한 시민의 신뢰 증대, 공공 통제 시스템 개선, 국가 및 공공 안보 보장에 시민 및 조직 참여 메커니즘 개선
   5) 시민 사회 제도의 발전, 사회적으로 중요한 이니셔티브에 대한 지원, 사회적 긴장을 증가시킬 수 있는 문제를 해결하기 위해 시민 사회 기관과 대중과 공공 기관 간의 상호작용 개발
   6) 국가의 대량 거주 장소, 인구의 생명 유지 시설, 군 산업, 원자력 산업, 핵무기,

화학, 연료 및 에너지 단지, 운송 조직의 테러 방지 수준을 높입니다. 기반 시설 및 기타 중요하고 잠재적으로 위험한 시설

7) 조직 및 개인의 테러 및 극단주의 활동, 핵, 화학 및 생물학 테러 행위를 저지 르려는 시도 예방 및 진압

8) 범죄 예방을 위한 통일 된 국가 시스템 개발

9) 주로 미성년자와 청소년 사이에서 급진주의 표현 방지, 극단주의 및 기타 범죄 표현 방지

10) 신용 및 금융 영역을 포함한 경제 영역, 주택 및 공공 서비스 영역, 토지, 산 림, 물 및 수중 생물 자원의 사용을 포함한 범죄 수준 감소

11) 범죄 수익의 합법화, 테러 자금 조달, 마약 및 향정신성 물질의 불법 배포 조 직, 불법적인 목적을 위한 디지털 화폐

12) 범죄를 저지른 형벌의 불가피 원칙의 이행

13) 국가 프로그램의 이행 및 국방 명령의 이행을 포함하여 공공 기관 및 국가 참 여 조직의 예산 기금의 부패, 남용 및 횡령 범죄의 예방 및 억제, 피해 보상 그 러한 범죄로 인해 발생하고 범죄 행위에 대한 책임의 수준 고조

14) 예산 기금의 비효율적인 사용과 국가 발전의 사회적으로 중요한 결과를 달성하 지 못한 행동에 대한 공무원의 책임 제도 개선

15) 무기, 탄약, 폭발물, 마약, 향정신성 물질 및 불법 유통과 관련된 범죄의 탐색 및 진압

16) 불법 이주 근절, 이주 흐름에 대한 통제 강화, 사회 문화적 적응 및 이주자의 통합

17) 사회적, 신앙적, 인종적 갈등, 분리주의적 표현, 종교적 급진주의 확산 방지, 파괴적인 종교 운동, 인종 및 종교적 거주지 형성, 특정 시민 그룹의 사회적 및 민족적 문화적 고립의 예방 및 무력화

18) 도로 안전 개선

19) 자연적 및 인공적 비상사태를 예방하고 제거하기 위한 조치의 효율성 증대

20) 인구의 위생 및 역학 복지 분야에서 비상사태를 일으킬 수 있는 위험한 전염병 으로부터 인구 보호

21) 기후 변화의 결과가 위험한 생산 시설, 수력 구조물, 교통 단지, 인구에 대한 생명 유지 시설의 상태에 미치는 영향 예측

22) 법 집행 기관, 특수 서비스, 소방서 및 긴급 구조 팀이 해결하는 작업에 따라 포괄적으로 발전하고 기술 장비 수준을 높이고 직원의 사회 보호를 강화하며 전 문 교육 시스템 개선

23) 외국 및 국제 법원의 정치적으로 편향된 결정으로부터 러시아 시민의 법적 보호

## 정보 보안

48. 정보 통신 기술의 급속한 발전은 시민, 사회 및 국가의 보안에 대한 위협 가능성의 증가를 동반함.

49. 정보통신기술을 이용하여 국가의 내정을 간섭하고 주권을 침해하며 영토 보전을 침해하는 행위가 증가하여 국제평화와 안보에 위협이 되고 있음.

50. 러시아 정보 자원에 대한 컴퓨터 공격의 수가 증가하고 있음. 이러한 공격의 대부분은 외국 영토에서 수행됨. 국제 정보 보안을 보장하는 분야에서 러시아연방의 이니셔티브는 글로벌 정보 공간을 지배하려는 외국의 반대에 부딪힘.

51. 러시아 정보 공간에서 정보 및 기타 작업을 수행하기 위한 외국의 특별 서비스 활동이 강화되고 있음. 그러한 국가의 군대는 러시아연방의 중요한 정보 기반 시설을 비활성화하기 위한 조치를 취함.

52. 러시아연방의 사회정치적 상황을 불안정하게 만들기 위해 테러행위 위협에 대한 고의적인 허위보고를 포함하여 허위정보가 유포되고 있음. 정보통신 네트워크(인터넷)에는 테러리스트 및 극단주의 조직의 자료, 대량 폭동 요구, 극단주의 활동, 확립된 질서를 위반하여 개최되는 대규모 행사 참여, 다음과 같은 행위를 하는 내용이 포함되어 있음. 자살, 범죄 생활 선전, 마약 및 향정신성 물질의 소비, 기타 불법 정보가 게시됨. 그러한 파괴적인 영향력의 주 대상은 청소년임.

53. 초국가적 기업이 인터넷에서 독점 위치를 공고히 하고 모든 정보 자원을 통제하려는 열망은 그러한 기업이 (법적 근거가 없고 국제법에 위배되는 경우) 검열 및 대체 인터넷 플랫폼 차단의 도입을 동반함. 정치적인 이유로 인터넷 사용자는 역사적 사실과 러시아연방 및 세계에서 일어나는 사건에 대해 왜곡된 견해를 가질 수밖에 없음.

54. 정보 통신 기술의 사용을 통해 보장되는 익명성은 범죄 수행을 촉진하고 범죄 수익의 합법화 및 테러 자금 조달, 마약 및 향정신성 물질의 배포 가능성을 확대함.

55. 러시아연방에서 외국 정보 기술과 통신 장비를 사용하면 러시아연방의 중요한 정보 기반 시설을 포함한 러시아 정보 자원이 해외로부터 영향을 받을 수 있는 취약성이 증가함.

56. 정보 보안 보장의 목표는 정보 공간에서 러시아연방의 주권을 강화하는 것임.

57. 정보 보안 보장 목표 달성은 다음 과제 해결을 목표로 하는 국가정책구현을 통해 수행됨.
    1) 신뢰할 수 있는 정보 순환을 위한 안전한 환경 형성, 러시아연방 정보 인프라의 보안 및 기능 안정성 향상
    2) 러시아연방의 정보 보안에 대한 위협을 예측, 식별 및 예방하고 출처를 확인하

며 그러한 위협의 결과를 신속하게 제거하기 위한 시스템 개발

3) 러시아연방의 중요 정보 기반 시설을 포함한 러시아 정보 자원에 대한 파괴적인 정보 및 기술적 영향 방지

4) 정보 통신 기술을 사용하여 범해지는 범죄 및 기타 범죄를 효과적으로 예방, 탐지 및 진압할 수 있는 여건 조성

5) 러시아연방의 통합 통신 및 인터넷 네트워크의 러시아 부분, 정보 및 통신 인프라의 기타 중요한 대상의 기능에 대한 보안 및 안정성을 높이고 기능에 대한 외국의 통제를 방지함.

6) 제한된 정보 및 개인 데이터의 누출 횟수를 가능한 최소 수준으로 줄이고 이러한 정보 및 개인 데이터 보호를 위해 러시아 법률에 의해 설정된 요구 사항 위반 횟수를 줄임.

7) 외국의 기술 정보 구현과 관련된 국가 안보 피해의 예방 및 최소화

8) 정보 기술 사용을 포함하여 개인 데이터 처리에서 개인과 시민의 헌법상의 권리와 자유의 보호를 보장

9) 군대, 기타 군대, 군대 조직 및 조직, 무기, 군사 및 특수 장비의 개발자 및 제조업체의 정보 보안 강화

10) 정보 대결의 힘과 수단의 발전

11) 시민과 사회에 파괴적인 정보 영향을 미치기 위해 극단주의자 및 테러리스트 조직, 특별 서비스 및 외국의 선전 구조가 러시아연방의 정보 기반 시설을 사용하는 것에 반대함.

12) 인공 지능 기술 및 양자 컴퓨팅을 포함한 첨단 기술의 사용을 기반으로 하는 정보 보안을 보장하기 위한 수단 및 방법의 개선

13) 국가 프로젝트의 구현과 경제 디지털화 분야의 문제 해결을 포함하여 정보 보안 요구 사항을 충족하는 러시아 정보 기술 및 장비, 러시아연방의 정보 인프라에서 우선 사용 보장

14) 정보 및 통신 기술 사용 분야의 보안을 보장하기 위한 국제법 체제 구축을 포함하여 정보 보안 분야에서 러시아연방과 외국 파트너 간의 협력 강화

15) 러시아 및 국제 대중에게 러시아연방의 국내 및 대외 정책에 대한 신뢰할 수 있는 정보 제공

16) 러시아연방의 정보 보안을 보장하는 분야에서 활동을 수행하는 공공 기관, 시민 사회 기관 및 조직 간의 상호 작용 개발.

## 경제 안보

58. 세계 경제가 심각한 침체에 빠졌음. 국제금융시스템의 시장변동성과 불안정성이 높아지고 있으며, 실물경제와 가상경제의 격차가 벌어지고 있음. 세계 국가와 지역

의 높은 경제적 상호의존성을 유지하면서 새로운 국제 생산 사슬과 공급 사슬의 형성 과정이 느려지고 투자 흐름이 감소하고 있음. 무역 및 경제 분야에서 국가와 지역 협정의 역할이 커지고 있음.

59. 지속 가능한 개발로의 전환은 축적된 사회-경제적 문제, 국가 개발의 불균형, 경제 활동을 촉진하기 위해 이전에 사용된 도구의 비효율성으로 인해 방해를 받음. 국제경제관계 규제체제 약화, 경제협력 문제의 정치화, 국가 간 상호신뢰 부족, 일방적인 제재 적용 등으로 세계 경제 전망의 불확실성 증대 그리고 보호무역주의의 성장

60. 세계 경제의 지속적인 구조 조정과 발전의 기술 기반 변화와 관련된 맥락에서 인간의 잠재력과 환경은 점점 더 중요해지고 있음. 상품, 자본, 기술 및 노동에 대한 전통 시장의 변화, 경제의 새로운 부문의 출현은 세계의 개별 국가 및 지역의 역할과 잠재력의 재분배, 경제적 영향력의 새로운 중심 형성을 동반함.

61. 광대한 영토와 유리한 지리적 위치, 다양한 자연 및 기후 조건과 광물 자원, 과학, 기술 및 교육 잠재력, 거시경제적 안정성, 국내 정치적 안정, 높은 수준의 국방 및 국가 안보는 유리한 조건을 창출하는 요소임. 현대화 조건에서 러시아 경제, 러시아 산업 잠재력 개발

62. 1차 원료 및 농산물의 수출에서 가공으로의 전환, 기존의 개발 및 새로운 하이테크 산업 및 시장의 창출, 경제의 기본 부문의 기술 갱신, 사용 저탄소 기술의 발전은 러시아 경제의 구조를 변화시켜 경쟁력과 지속 가능성을 높일 것임.

63. 러시아의 과학, 기술, 생산 및 자원 잠재력의 통합, 러시아 제품으로 국내 시장의 포화 및 새로운 첨단 과학의 출현에 기여하는 대규모 투자 및 혁신 프로그램 및 프로젝트의 구현 역량은 러시아연방의 장기적인 경제 발전과 국가 안보의 추가 강화를 위한 기반을 만듦.

64. 러시아 경제의 구조적 변형을 성공적으로 구현하기 위해서는 러시아연방의 경제 및 영토 개발의 불균형을 제거하고 인프라 제약을 극복하고 독립적인 금융 및 은행 시스템을 형성하고 혁신적인 활동, 러시아연방의 경쟁 우위 증대, 러시아연방의 전략적 관리 경제 발전 및 경제의 국가 규제 효율성 향상

65. 러시아연방의 경제안보를 보장하기 위한 중요한 조건은 다른 나라들과의 호혜적 협력에 대한 개방성을 유지하면서 러시아가 당면한 과제에 대한 국가의 내부 잠재력에 대한 의존과 독립적인 해결임. 세계 개발 센터와 다양한 관계를 구축하는 것도 러시아 경제의 안정성을 높일 것임.

66. 러시아연방의 경제 안보를 보장하는 목표는 국가의 경제 주권을 강화하고 러시아

경제의 경쟁력과 외부 및 내부 위협의 영향에 대한 저항을 높이며 경제 성장을 위한 조건을 만드는 것임.

67. 러시아연방의 경제 안보를 보장한다는 목표 달성은 다음 작업을 해결하여 수행됨.

1) 현대 기술 기반의 국가 경제의 제도적 및 구조적 구조 조정, 저탄소 기술의 사용을 기반으로 한 국가 경제의 다양화 및 발전 보장

2) 거시 경제 안정성을 유지하고 인플레이션을 지속적으로 낮은 수준으로 유지하며 루블의 안정성과 예산 시스템의 균형 보장

3) 재화와 서비스에 대한 내수 수요 증가, 개인 대출 증가의 균형, 부채 부담 증가와 관련된 위험 제한

4) 고정 자본에 대한 투자 증가율의 가속화, 장기 대출의 가용성, 자본 투자의 보호 및 장려, 내부 투자 자원의 사용 촉진 보장

5) 경제의 실제 부문의 지속 가능한 발전, 첨단 산업의 창출, 경제의 새로운 부문, 유망한 첨단 기술을 기반으로 하는 상품 및 서비스 시장 보장

6) 산업 기업 및 기반 시설의 현대화, 디지털화, 인공 지능 기술 사용 및 하이테크 일자리 창출을 통한 노동 생산성 향상

7) 러시아 고급 기술 개발의 가속화, 러시아 생산 현지화를 통해 기술, 장비 및 부품 수입에 대한 러시아 경제의 중대한 의존성 극복

8) 항공, 조선, 로켓 및 우주 산업, 엔진 제작, 원자력 산업 및 정보 통신 기술 분야에서 러시아연방이 달성한 주도적 위치와 경쟁 우위 강화

9) 경제의 기본 부문(산업, 건설, 통신, 에너지, 농업, 광업)의 집중적인 기술 갱신, 계측 및 공작 기계를 포함한 러시아 엔지니어링의 가속화된 발전, 현대화 문제 해결을 위한 국내 제품의 우선 사용

10) 무선 전자 산업의 발전, 경제 및 공공 행정의 디지털화 분야의 문제를 해결하는 데 필요한 정보 기술 및 장비의 생산

11) 방위산업 단지의 조직 생산 기지의 현대화, 생산되는 첨단 민간 및 이중 용도 제품의 양 증가

12) 의약품 및 의료 기기 생산 확대

13) 국소 감염성 질병에 대한 국내 백신의 개발 및 생산

14) 종자 생산 및 양식(어류 양식) 분야에서 수입에 대한 심각한 의존도 극복

15) 인구와 국가 경제 주체에 대한 지속 가능한 열 및 에너지 공급 보장, 경제의 에너지 효율성 및 연료 및 에너지 단지의 행정 효율성 증대를 포함 러시아연방의 에너지 안보보장

16) 재생 및 대체 에너지원에서 전기를 생성하기 위한 기술 개발, 저탄소 에너지 개발

17) 러시아연방의 금융 시스템과 주권 강화, 지불 기반 시설을 포함한 금융 시장의

국가 기반 시설 개발, 제3국에 대한 이 분야의 의존도 극복, 자국 통화로 외국 파트너와의 결제 관행 확대, 축소 불법 금융 거래에 대응하는 해외 금융 자산 철수

18) 외국 경제 활동의 이행에 있어 미국 달러 사용의 감소

19) 러시아 경제의 성장을 가속화하기 위한 시장, 에너지, 엔지니어링, 혁신 및 사회 기반 시설의 개발

20) 국가의 효율적인 교통 인프라 및 교통 연결성 개발 보장

21) 러시아연방 경제 공간의 통일성을 강화하고, 러시아연방 주체 간의 협력 및 경제적 유대 발전

22) 사회-경제적 발전의 수준과 속도, 삶의 질, 지역의 경제적 잠재력 개발 촉진, 예산 안보 강화 측면에서 러시아연방 주제의 차별화 줄임.

23) 러시아연방의 경제 안보에 대한 잠재적인 외부 및 내부 도전과 위협을 고려하여 전략 계획 시스템의 개발, 위험 기반 접근 방식의 도입을 통해 국가 거시 경제 정책의 효율성을 개선함.

24) 경제 활동 영역에서 국가 통제(감독) 시스템 개선

25) 러시아연방 영토에서 생산력의 재정착 및 분배 시스템을 개선하고 경제 주체와 인구가 대도시로 집중되는 추세를 극복하고 중소도시 뿐만아니라 농촌지역의 사회-경제적 발전보장

26) 러시아연방 영토에서 유리한 비즈니스 환경을 조성하고 러시아 및 외국 투자자에게 러시아 관할권의 매력도를 높이고 경제의 역외화를 제거

27) 국가와 기업 간의 상호 작용 메커니즘을 개선하고 주로 생산 및 과학 및 기술 분야에서 중소기업의 발전 촉진

28) 노동 시장의 불균형 제거, 엔지니어 및 근로자 부족, 비공식 고용 감소, 노사 관계의 합법화, 전문가의 전문 교육 수준 향상, 러시아 시민의 우선 고용 원칙 수립

29) 단일 산업 도시에 거주하는 사람들을 포함하여 생산 공정의 자동화와 관련하여 석방된 근로자의 노동 활동 참여

30) 경제의 그림자 및 범죄 부문의 몫과 비즈니스 환경의 부패 수준 감소

31) 러시아 시장에서의 경쟁 지원, 개발 및 보호, 독점 활동 및 반경쟁 협정의 억제, 러시아연방 영토에서 평등한 조건과 경제 활동의 자유 보장

32) 예산 기금 사용 및 국유 자산 관리의 효율성을 높이고 기업 및 기타 전략적으로 중요한 조직의 자산(주식 포함)을 러시아연방 소유로 유지

33) 러시아 경제의 전략적으로 중요한 부문에 대한 외국인 투자에 대한 통제 강화

34) 장기적으로 러시아연방의 동원 요구와 국가 경제의 요구를 보장하기에 충분한 광물 자원의 전략적 매장량 창출

35) 국제 비즈니스 연락처의 개발, 러시아 제품의 판매 시장 확장, 러시아 수출을

위한 주요 세계 시장을 규제하려는 외국의 시도에 대한 대응

## 과학 및 기술 개발

68. 세계경제가 새로운 기술기반으로 이행하고 있는 상황에서 과학기술 발전의 리더십은 경쟁력을 높이고 국가안보를 확보하는 핵심요소 중 하나가 되고 있음. 과학 기술 진보의 가속화는 인간 생활의 모든 영역에 영향을 미치고 반영됨.

69. 기술 변화는 높은 사회-경제적 발전을 달성하고 효과적인 공공 및 기업 지배구조를 보장하는 데 있어 혁신의 중요성을 증가시키고 있음.

70. 새로운 기술의 도입은 생산 및 소비 메커니즘의 변화, 상품 및 서비스에 대한 새로운 시장의 출현, 기존 경제 부문의 출현 및 기술 표준의 변화, 수준의 증가를 동반함. 천연 자원 처리 및 세계 경제의 에너지 집약도 감소

71. 새로운 직업이 나타나고 수요가 증가함에 따라 근로자의 교육 수준 및 자격 요건이 증가하고 있음. 과학자와 우수한 자격을 갖춘 전문가를 유치하기 위한 경쟁이 심화되고 있음.

72. 새로운 기술의 출현은 이전에 달성할 수 없었던 특성을 가진 무기, 군사 및 특수 장비, 보안 시스템 모델의 생성에 기여함. 국가 간의 권력 경쟁은 새로운 환경으로 이전됨.

73. 기초 및 응용 연구 분야에서 러시아연방의 상당한 잠재력, 광범위한 과학 및 교육 센터 시스템의 존재, 여러 기술의 이점은 국가의 가속화된 기술 발전을 위한 조건을 만듦.

74. 러시아 경제의 지속 가능한 성장을 보장하고 경쟁력을 높이고 과학, 기술 및 혁신적인 활동에 대한 국가의 자극, 그러한 활동 개발에 대한 민간 투자 규모의 증가 및 생산 결과의 가속화된 구현이 필요함.

75. 러시아연방의 과학 기술 발전의 목표는 국가의 기술 독립과 경쟁력, 국가 발전 목표의 달성 및 전략적 국가 우선순위의 이행을 보장하는 것임.

76. 러시아연방의 과학 기술 발전 목표 달성은 다음 과제를 해결함으로써 수행됨.
    1) 러시아 경제의 새로운 기술 기반으로의 전환을 보장하는 조정된 정책의 연방, 지역, 부문 및 기업 수준의 개발 및 구현
    2) 과학 및 기술 개발에 대한 러시아연방의 지출 수준을 이 분야에서 주도적인 위치를 차지하는 국가에서 그러한 목적을 위한 지출 수준으로 가져옴.
    3) 과학, 기술 및 혁신적인 활동을 관리하기 위한 통일된 국가 시스템의 생성
    4) 과학, 기술 및 혁신적인 활동 개발에 있어 러시아 기업의 관심을 높이기 위한

조건 및 인센티브 창출

5) 러시아연방의 사회-경제적, 과학적, 기술적 발전의 우선순위에 따라 완전한 과학 및 생산 주기를 보장하기 위해 과학 연구 결과를 산업 생산에 신속하게 도입함.

6) 러시아연방의 지속 가능한 발전의 필수 구성 요소로서 기초 과학 연구 시스템 개선

7) 과학, 기술 및 혁신 기반 시설의 현대화 및 개발

8) 계측 및 실험 테스트를 포함하여 과학 및 고등 교육 조직의 물질 및 기술 기반 업데이트

9) 러시아연방 영토에서 메가 과학 수준의 시설, 대규모 연구 인프라, 과학 및 기술 장비의 집단 사용 센터, 실험 생산 및 엔지니어링 네트워크의 생성 및 개발

10) 러시아에서 일할 세계적 수준의 과학자와 젊은 재능 있는 연구원을 유치하고 러시아연방 영토에서 과학 및 기술 분야의 국제협력 센터 설립 및 개발

11) 과학, 기술 및 혁신 활동 분야의 젊은 러시아 과학자 및 전문가의 선택, 훈련 및 지원을 위한 시스템 개발

12) 과학, 기술 및 혁신 활동의 효율성을 평가하기 위한 국가 시스템의 구축

13) 물리 및 수학, 화학, 생물학, 의료, 제약 및 기술 과학 분야에서 러시아가 선두를 차지

14) 유망 첨단기술 개발(나노기술, 로봇공학, 의료, 생물, 유전공학, 정보통신, 양자, 인공지능, 빅데이터 처리, 에너지, 레이저, 신소재창출), 슈퍼컴퓨터 시스템

15) 학제 간 연구의 발전

16) 연구 기관과 산업 기업 간의 상호 작용을 강화하고 과학 및 기술 개발의 적극적인 상업화를 위한 조건을 조성

17) 국가의 국방과 국가 안보를 위해 과학 및 과학 기술 연구를 수행

18) 러시아연방의 생물학적, 방사선 및 화학적 안전 보장 분야에서 과학 연구 활성화

19) 경제의 국방 부문과 민간 부문 간의 지식과 기술 이전을 보장

20) 지적 재산권 보호를 위한 도구 개발, 특허법 집행 관행 확대, 러시아 기술 및 개발의 불법적 해외 이전에 대한 대응

21) 러시아연방의 과학 연구 및 테스트 장비 생산 개발

22) 주로 정부 고객, 국유 기업 및 국가 참여 기업으로부터 러시아 과학 집약적이고 혁신적인 제품에 대한 국내 수요 형성

23) 과학 및 과학 교육 인력, 러시아연방 과학 및 기술 개발의 우선순위 분야에서 우수한 자격을 갖춘 전문가의 훈련

24) 현대 세계 표준에 따라 자격을 갖춘 근로자와 중급 전문가를 양성하기 위한 중등 직업 교육 시스템의 개발

## 환경안전과 천연자원의 합리적 이용

77. 최근 수십 년 동안 세계의 생산 및 소비의 집중적인 성장은 환경에 대한 인위적 압력의 증가와 환경 상태의 악화를 동반하여 지구상의 삶의 조건에 상당한 변화를 가져왔음.

78. 천연자원의 약탈적 사용은 토지 황폐화 및 토양 비옥도 감소, 수자원 부족, 해양 생태계 악화, 경관 및 생물 다양성 감소로 이어짐. 환경 오염이 증가하고 있으며 이는 인간의 삶의 질을 저하시킴..

79. 기후 변화는 비즈니스 조건과 인간 환경에 점점 더 부정적인 영향을 미치고 있음. 자연 및 인공 비상사태의 원인이 되는 위험한 자연 현상 및 과정의 빈도가 증가하고 있음.

80. 녹색저탄소경제의 발전이 국제적 의제로 대두되고 있음. 천연자원에 대한 접근을 위한 경쟁 증가는 국제적 긴장과 국가 간의 갈등을 심화시키는 요인 중 하나임.

81. 러시아연방은 영토, 경관, 생물다양성, 독특한 생태 및 자원 잠재력을 국보로 간주하며, 그 보존과 보호는 미래 세대의 생명, 인간의 조화로운 발전 및 유리한 환경에 대한 시민의 권리 실현. 환경 표준을 충족하는 대기 및 수질의 보존, 교란된 토지의 매립, 영토 및 수역의 생태 복원, 재조림 면적의 증가, 누적된 환경 피해 제거는 러시아연방의 삶의 질을 개선하기 위한 필수 조건임.

82. 환경안전 확보 및 천연자원의 합리적 이용의 목적은 인간의 유리한 생활, 자연환경의 보전 및 복원, 천연자원의 균형적 이용, 부정적인 영향의 완화에 필요한 환경의 질을 확보하는 것임.

83. 환경 안전 및 천연자원의 합리적 사용 보장 목표 달성은 다음 과제를 해결하기 위한 국가 정책의 이행을 통해 수행됨.
   1) 환경 지향적인 경제 성장을 보장하고 혁신 기술 도입을 촉진하며 환경-친화적인 산업 개발
   2) 천연자원의 합리적이고 효율적인 사용, 광물 자원 기반의 개발 보장
   3) 도시 및 기타 정착지의 대기 오염 수준 감소
   4) 온실가스 배출에 대한 국가 규제 시스템의 형성, 온실가스 배출을 줄이고 흡수를 증가시키는 프로젝트의 이행 보장
   5) 대기, 산업 및 도시 폐수 정화를 위한 시설 및 기술 개발
   6) 기상 안전 확보의 효율성 증대
   7) 지표수 및 지하수의 오염 방지, 오염된 수역의 수질 개선, 수생태계 복원
   8) 생산 및 소비 폐기물의 발생량 감소, 폐기 및 재사용을 위한 산업 발전
   9) 토지 황폐화 방지 및 토양 비옥도 감소, 교란된 토지의 매립, 축적된 환경 피해 제거, 영토의 생태 복원

10) 자연 생태계의 생물학적 다양성 보존 및 특별히 보호되는 자연 지역 시스템의 개발, 수생 생물 자원을 포함한 동물 세계의 대상뿐만 아니라 산림의 보호 및 재생산

11) 오염 물질(방사성 물질 포함) 및 다른 국가의 영토에서 유입된 미생물에 의한 환경 오염 방지

12) 러시아연방 북극 지역의 환경 문제 해결 및 천연자원의 합리적 사용

13) 환경 보호 분야에서 국가 환경 감독, 생산 및 공공 통제의 효율성 향상

14) 경제 주체의 환경 표준 및 환경 요구 사항 준수에 대한 국가 환경 모니터링 및 통제 시스템의 개발, 위험한 자연현상 및 프로세스 예측의 효율성, 기후 변화가 경제 조건 및 인간 생활에 미치는 영향의 결과

15) 생물학적 위험을 예방하고 대응하기 위한 생물학적 위험 모니터링 시스템 개발

16) 자연 및 인공 비상사태의 부정적인 환경적 결과를 예방하고 제거하기 위한 조치에 관련된 부대의 기술적 잠재력과 장비 증가

17) 시민의 환경 교육 및 환경 문화 수준을 높이고 자연환경에 대한 책임있는 태도로 시민을 교육하며 인구 및 공공 조직이 환경 활동에 참여하도록 자극

18) 러시아연방 국경 지역의 환경 위험을 줄이기 위한 목적을 포함하여 환경 보호 분야의 국제 협력 개발

## 러시아의 전통적 정신적 도덕적 가치, 문화 및 역사적 가치 보호

84. 현대사회에서 일어나고 있는 변화는 국가간 관계뿐만 아니라 보편적인 인간의 가치에도 영향을 미치고 있음. 높은 수준의 사회-경제적, 기술적 발전에 도달한 인류는 전통적인 영적, 도덕적 지침과 안정적인 도덕 원칙을 잃을 위기에 처해 있음.

85. 기본적인 도덕적, 문화적 규범, 종교적 기초, 결혼제도, 가족 가치가 더욱 파괴적인 영향에 노출되고 있음. 개인의 자유가 절대화되고 방임, 부도덕, 이기심이 활발히 조장되고 폭력, 소비, 쾌락 숭배가 심해지고 마약 사용이 합법화되고 삶의 자연적 지속을 거부하는 공동체가 형성되고 있음. 인종 및 종교 간 관계의 문제는 적대감과 증오를 불러일으키는 지정학적 게임과 추측의 주제가 됨.

86. 이전 세대의 역사적 전통과 경험을 고려하지 않은 교육, 과학, 문화, 종교, 언어 및 정보 활동 분야의 낯선 이상과 가치의 주입, 개혁의 이행은 국가 사회의 분열과 양극화를 증가시킴. 문화 주권의 토대를 파괴하고 정치적 안정과 국가의 토대를 훼손함. 도덕의 기본 규범의 개정, 심리적 조작은 사람의 도덕적 건강에 돌이킬 수 없는 손상을 일으키고 파괴적인 행동을 조장하며 사회의 자기 파괴를 위한 조건을 형성. 세대 간 격차가 벌어지고 있음. 동시에 공격적인 민족주의, 외국인 혐오증, 종교적 극단주의 및 테러리즘의 징후가 증가하고 있음.

87. 전통적인 러시아의 영적, 도덕적, 문화적, 역사적 가치는 미국과 동맹국뿐만 아니라 초국적 기업, 외국의 비영리 비정부, 종교, 극단주의 및 테러 조직으로부터 적극적인 공격을 받고 있음. 그들은 러시아연방 사람들의 전통, 신념 및 신념에 반대되는 사회적, 도덕적 태도를 퍼뜨리면서 개인, 그룹 및 대중의 의식에 정보 및 심리적 영향을 미침.

88. 정보-심리적 방해와 문화의 "서구화"는 러시아연방이 문화주권을 상실할 위험을 증가시킴. 러시아와 세계사를 왜곡하고, 역사적 진실을 왜곡하고, 역사적 기억을 파괴하고, 민족적, 종교적 갈등을 선동하고, 국가를 구성하는 사람들을 약화시키려는 시도가 더욱 빈번해지고 있음.

89. 러시아의 전통적 신앙고백, 문화, 러시아연방의 국어인 러시아어가 훼손되고 있음.

90. 러시아연방은 수세기에 걸친 국가 역사에 걸쳐 형성된 기본적인 영적, 도덕적, 문화적 역사적 가치, 도덕 및 윤리 규범을 러시아 사회의 기초로 간주하여 우리가 국가의 주권을 보존하고 강화할 수 있게 함.

91. 전통적인 러시아의 영적 도덕적 가치에는 우선 생명, 존엄성, 인권 및 자유, 애국심, 시민권, 조국에 대한 봉사 및 운명에 대한 책임, 높은 도덕적 이상, 강한 가족, 창조적인 작업, 물질보다 영적 우선순위, 인본주의, 자비, 정의, 집단주의, 상호지원 및 상호존중, 역사적 기억과 세대의 연속성, 러시아 사람들의 단결. 전통적인 러시아의 영적, 도덕적 가치는 다국적 및 다중 고백 국가를 통합함.

92. 러시아의 전통적 정신적, 도덕적 가치, 문화 및 역사적 기억의 보호는 전 러시아 시민의 정체성을 기반으로 러시아연방 국민의 단결을 강화하고 원래의 보편적 원칙을 보존하기 위해 수행됨.

93. 러시아의 전통적인 영적, 도덕적 가치, 문화 및 역사적 기억의 보호는 다음 작업을 해결함으로써 보장됨.
   1) 시민 단결, 전 러시아 시민 정체성, 인종 간 및 종교 간 조화를 강화하고 러시아연방의 다국적 사람들의 정체성을 보존
   2) 역사적 진실의 보호, 역사적 기억의 보존, 러시아 국가의 발전과 역사적으로 확립된 통일성의 연속성, 역사 위조에 대한 대응
   3) 가족 제도 강화, 전통적인 가족 가치 보존, 세대의 연속성 유지
   4) 대중 의식에서 전통적인 러시아 영적, 도덕적, 문화적, 역사적 가치의 역할을 강화하기 위한 국가 정보 정책의 구현, 외부에서 부과된 파괴적인 아이디어, 고정 관념 및 행동에 대한 시민들의 거부
   5) 영적, 도덕적, 지적 및 육체적 완전성을 추구하는 개발되고 사회적으로 책임있는 성격 형성의 기초로서 교육, 훈련 및 육성 시스템의 개발

6) 시민의 애국심 교육, 러시아연방 국민의 역사적 기억 및 문화 보존을 목표로 하는 공공 프로젝트 지원

7) 러시아연방의 문화 주권을 강화하고 공통 문화 공간을 유지

8) 러시아 국민의 유형 및 무형 문화 유산 보존, 러시아 과학 및 기술, 문학, 예술 문화, 음악 및 스포츠 업적의 대중화(교육 기관의 커리큘럼 완성 포함)

9) 역사적 및 현대적 사례에 기반한 시민의 영적, 도덕적, 애국심 교육, 러시아 사회의 집단 원칙 개발, 자선 프로젝트, 자원봉사 운동을 포함한 사회적으로 중요한 이니셔티브 지원

10) 전통적 신앙고백의 종교 조직에 대한 지원, 전통적인 러시아 정신 및 도덕적 가치 보존, 러시아 사회 조화, 종교 간 대화 문화 확산, 극단주의 반대를 목표로 하는 활동에 참여 보장

11) 과학 연구를 위한 국가 명령의 형성, 대중 과학 자료의 출판, 문학 및 예술 작품, 영화, 연극, 텔레비전, 비디오 및 인터넷 제품 제작, 전통적인 러시아 영적 및 도덕적 가치를 보존하기 위한 서비스 제공 문화, 역사적 진실의 보호 및 역사적 기억의 보존, 국가 질서 이행의 품질 관리 보장

12) 러시아연방의 국어로서 러시아어의 보호 및 지원, 현대 러시아어 문학 언어의 규범 준수에 대한 통제 강화, 공연의 억압, 다음을 수행하는 단어와 표현을 포함하는 제품의 매체를 통한 배포 지정된 규범을 준수하지 않음(외설적인 어휘 포함)

13) 외부 이데올로기 및 가치 확장, 외부 파괴적인 정보 및 심리적 영향으로부터 러시아 사회 보호, 극단주의 콘텐츠 제품 확산 방지, 폭력 선전, 인종 및 종교 편협, 민족 증오

14) 인도주의적, 문화적, 과학적, 교육적 공간에서 러시아의 역할 증대

## 전략적 안정과 호혜적인 국제협력

94. 글로벌 개발 잠재력의 재분배, 새로운 아키텍처의 형성, 세계 질서의 규칙 및 원칙은 증가하는 지정학적 불안정, 국가 간 모순 및 갈등의 악화를 동반함.

95. 명실상부한 지도력을 상실한 국가들은 국제사회의 다른 구성원들에게 자국의 규칙을 지시하고, 불공정 경쟁수단을 사용하고, 일방적으로 제재를 적용하고, 주권 국가의 내정에 노골적으로 간섭하려고 함. 이러한 행동은 보편적으로 인정되는 국제법의 원칙과 규범의 완화, 기존의 국제법 규제 제도 및 체제의 약화 및 파괴, 군사-정치적 상황의 악화, 예측 가능성의 감소 및 신뢰 약화로 이어짐.

96. 러시아연방은 국가 이익을 보호하고 국제 안보를 강화하기 위해 일관되고 독립적이며 다중 벡터의 개방적이고 예측가능하고 실용적인 외교 정책을 추구하고 있음.

97. 러시아연방은 국제법 규범의 조건 없는 준수를 기반으로 국제 관계 시스템의 안정

성을 보장하고 글로벌 및 지역 문제를 해결하는 데 있어 UN과 유엔 안전보장이사회의 중앙 조정 역할을 강화함.

98. 러시아연방은 국가 간의 관계에서 예측 가능성을 높이고 국제 영역에서 신뢰와 안보를 강화하기 위해 노력함. 새로운 글로벌 전쟁을 일으킬 위협을 줄이고 군비 경쟁을 방지하며 새로운 환경으로의 전이를 방지하기 위해서는 전략적 안정성 유지, 군비통제, 대량살상 무기 확산 방지 및 그 무기의 확산 방지 메커니즘을 개선해야 함.

99. 러시아는 국제 및 국내 갈등을 해결하기 위해 정치적 수단, 주로 외교 및 평화 유지 메커니즘을 사용하는 데 전념하고 있음. 외국이 정치적 또는 경제적 성격의 제한 조치(제재) 적용 또는 현대 정보 통신의 사용과 관련된 행위를 포함하여 러시아연방의 주권 및 영토 보전에 위협이 되는 비우호적인 행위를 하는 경우 기술에 대해 러시아연방은 이러한 적대 행위를 중지하고 향후 재발을 방지하는 데 필요한 대칭 및 비대칭 조치를 취하는 것이 합법적이라고 생각함.

100. 러시아연방 외교정책의 목적은 국가의 지속 가능한 사회경제적 발전을 위한 유리한 조건을 조성하고, 국가안보를 강화하며, 러시아연방의 영향력 있는 중심지 중 하나로서의 입지를 강화하는 것임.

101. 러시아연방 외교 정책의 목표 달성은 다음 작업을 해결하여 수행됨.
   1) 국제법 체계의 안정성 증대, 분열 방지, 국제법 규범의 약화 또는 선택적 적용
   2) 국제평화와 안보를 강화하고, 유엔 헌장에 위배되는 군사력 사용을 방지하고, 세계 대전을 일으키기 위한 전제 조건과 핵무기 사용 위험 제거
   3) 전 세계 및 지역 수준에서 집단 안보를 보장하기 위한 메커니즘을 개선하고, 신뢰 구축 조치를 이행하고 필요한 경우 개발하며 군사 분야의 사건을 예방
   4) 전략적 안정성 유지, 대량살상무기 비확산 메커니즘 개선, 전달 수단 및 관련 상품 및 기술, 군비통제 메커니즘, 생명공학의 생성 및 사용 분야에서 책임 있는 행동 메커니즘 개선
   5) CIS 회원국, 압하지야 공화국 및 남오세티아 공화국과 양자 기반 및 통합 협회의 틀 내에서 협력 심화, 주로 유라시아 경제 연합, 집단 안보 조약 기구, 연합 국가
   6) 대유라시아 파트너십의 틀 내에서 경제시스템의 통합과 다자간 협력의 발전을 보장
   7) 아시아 태평양 지역에서 지역 안정과 안보를 보장하기 위한 신뢰할 수 있는 메커니즘을 구축하기 위한 목적을 포함하여 인도 공화국과, 특히, 특권을 지닌 전략적 동반자 관계인 중화인민공화국과의 포괄적인 동반자 관계 및 전략적 상호 작용의 관계 발전 비블록 기반
   8) 상하이 협력 기구 및 BRICS 형식으로 외국과의 협력을 심화하고 RIC(러시아,

인도, 중국)의 틀 내에서 상호 작용의 기능적 및 제도적 기반을 강화

9) 아시아 태평양 지역, 라틴 아메리카 및 아프리카를 포함한 다자간 국제기구, 대화 플랫폼, 지역 협회의 틀 내에서 지역 및 소지역 통합 개발 지원

10) 무역 및 경제협력을 발전시키고 국제 및 지역 안정을 강화하기 위해 모든 이해 관계 국가와 평등하고 상호 유익한 대화 유지

11) 러시아연방에 인접한 국가의 영토에서 긴장과 갈등의 온상을 제거하고 예방하는 데 도움

12) 평화 유지 활동에서 러시아연방의 역할 강화

13) 러시아연방의 동맹국 및 파트너에게 국방 및 안보 보장과 관련된 문제를 해결하고 내부 문제에 대한 외부 간섭 시도를 무력화하는 지원을 제공

14) 러시아연방 시민과 해외 러시아 기업의 권리와 이익 보호

15) 러시아 기업에 대한 불공정 경쟁 및 차별 조치에 대응하여 첨단 기술 제품을 포함한 러시아 제품 수출 지원

16) 국제 무역 및 경제 관계의 발전, 러시아연방에 대한 외국인 투자, 첨단 기술 및 우수한 전문가 유치 지원

17) 우주, 세계 해양, 북극 및 남극 탐사와 관련된 러시아연방의 이익을 보장

18) 세계 인도적, 문화, 과학 및 교육 분야에서 러시아연방의 역할을 강화하고 국제 커뮤니케이션 언어로서의 러시아어 위치를 강화

19) 해외에 거주하는 동포가 전 러시아 문화 정체성을 보존할 권리를 포함하여 권리를 행사할 수 있도록 지원하고 그들의 이익을 보호

20) 러시아인, 벨라루스인, 우크라이나인 간의 형제애 강화

21) 역사를 왜곡하려는 시도에 대한 대응, 역사적 진실의 보호, 역사적 기억의 보존

22) 글로벌 정보 공간에서 러시아 매스 미디어와 커뮤니케이션의 위치를 강화

23) 국제기구 및 기관의 틀 내에서 협력 개발, 네트워크 외교 도구 사용 확대

24) 외국과의 군사-정치 및 군사-기술 협력의 발전

25) 테러, 극단주의, 부패, 마약 및 향정신성 물질의 불법 생산 및 밀매, 불법 이주, 국가 간 범죄에 대응하는 분야에서 국제협력 발전

26) 안전하고 평등한 글로벌 정보 공간을 만들기 위한 국제협력 발전

27) 환경 보호 및 기후 변화 방지 분야에서 외국과의 상호 작용 개발

28) 생물학적 위협과의 싸움, 위험한 전염병의 확산에서 자연 및 인공 비상사태의 결과를 제거하는 외국에 대한 지원

29) 세계 운송 공간으로의 통합, 러시아연방의 운송 잠재력 실현

30) 주로 구소련에서 국제 개발 지원 분야의 협력 활성화

31) 러시아와 외국이 국제기구의 활동에 참여하는 상호 유익한 접근 방식을 만들기 위한 포스트 소비에트에서의 작업 구현, 상호 경제 지원 구현, 사회 및 인도적 문제 해결, 신기술 개발과 관련된 문제

32) 생물학적 안전성 강화 분야에서 CIS 회원국과의 협력 확대

# V. 이 전략의 실행을 위한 조직 기반 및 메커니즘

102. 공공기관의 활동은 이 전략의 규정에 따름.

103. 이 전략의 구현은 정치, 조직, 사회경제적, 사회적 경제의 통합적 적용을 통해 러시아연방 대통령의 지도하에 공공 기관, 조직 및 시민 사회 기관의 조정된 조치를 통해 계획적으로 수행됨. 러시아연방의 전략적 계획의 틀 내에서 개발된 법적, 정보 제공, 군사, 특별 및 기타 조치

104. 전략적 국가 우선순위의 틀 내에서 예상되는 작업은 러시아연방의 국가 안보 및 사회-경제적 발전을 보장하는 분야의 전략 계획 문서, 프로젝트의 개발, 조정 및 실행을 통해 해결됨.

105. 이 전략의 실행에 대한 통제는 러시아연방 대통령이 결정한 국가 안보 상태 지표를 기반으로 국가 안보 상태에 대한 국가 모니터링의 틀 내에서 수행됨. 그러한 통제의 결과는 국가 안보 상태 및 이를 강화하기 위한 조치에 대해 러시아연방 대통령에게 보내는 러시아연방 안전보장이사회 장관의 연례 보고서에 반영됨.

106. 이 전략의 시행은 러시아연방의 국가 안보 및 사회-경제적 발전을 보장하는 분야에서 국가 행정 및 전략 계획 시스템의 개선을 제공함.

*** 이 전략의 실행은 러시아 국민을 구하고 인간의 잠재력을 개발하며 시민의 삶의 질과 복지를 개선하며 국가의 국방 능력, 러시아 사회의 단결 및 결속을 강화하고 국가 발전 목표를 달성하고 경쟁력을 높이는 데 도움이 될 것임.

■ 러시아연방 군사독트린/러시아연방 대통령령 제2976호(2014. 12. 25.)

〈그림1〉 러시아연방 대통령령 제2976호(2014.12.25.), 「러시아연방 군사독트린」

□ **주요내용**
 • 구성 : 러시아연방 국방 준비태세를 위한 공식 시스템, 총 58개 조항
 • 목적 : 군사정책 및 국가 국방의 군사-경제적 확립
 • 요지 : 2020년까지의 러시아연방의 장기적 사회-경제적 발전 개념과 2020년까지의
   러시아연방 국가안보전략, 외교정책 방안, 2020년까지의 해양정책, 2020년까
   지 북극지역 발전 전략이 고려됨
 • 시행 : 러시아연방 대통령령 제2976호(2014. 12. 25.)
 * 대통령령(2010.2.5.)으로 승인된 「러시아연방의 군사독트린」 효력 중지

# Ⅰ. 일반조항

1. 러시아 연방 군사독트린은 국방 준비태세를 위해 공식적으로 승인된 시스템임.

2. 군사적 위험 및 군사위협 예측을 기반으로 하는 군사독트린은 군사정책 및 국가 국방의 군사-경제적 확립을 바탕으로 함.

3. 군사독트린은 러시아연방법, 보편적으로 승인된 개념, 국제법 규정, 국방 분야에 대한 국제조약, 군사 장비 및 군비 축소 관련 국제조약, 러시아연방 정부와 대통령의 법적 강령에 법적 기초를 두고 있음.

4. 군사독트린에는 2020년까지의 러시아연방의 장기적 사회·경제적 발전 개념과 2020년까지의 러시아연방 국가안보전략, 외교정책 방안, 2020년까지의 해양정책, 2020년까지의 북극지역 발전 전략이 고려됨.

5. 군사독트린은 러시아연방 및 동맹국의 이익을 정치, 외교, 법, 경제 및 정보 등 비무력적인 수단을 통해 보호할 수 없을 때 적용됨.

6. 군사독트린의 규정은 러시아연방 대통령이 러시아연방 의회에서 보내는 교서에서 구체화되었으며, 군사 분야 전략계획에 한해 조정될 수 있음.

7. 군사독트린은 정부의 국방정책 중앙화를 통해 이행되며, 러시아연방 입법부, 러시아연방 정부, 러시아연방 행정부 산하 연방기관 및 대통령의 규정에 기반을 두어 실시됨.

8. 군사독트린은 아래와 같은 기본 개념을 사용함.
   1) 러시아연방의 군사적 안보 – 국제 또는 국내 군사적 위협으로부터 개인, 사회, 국가의 이가을 보호하는 상태 – 군사적 위협이 부재하거나 군사적 위협에 대항하는 능력
   2) 군사적 위험 – 국제·국내적 관계와 관련하여 군사적 위협이 야기될 수 있는 조건을 정의하는 총체적 요소
   3) 군사적 위협 – 국제·국내적으로 군사적 갈등 발생을 규정한 실제 가능성과 군사력으로 무장한 국가 혹은 분리주의자(테러단체)의 높은 수준의 준비상태
   4) 군사적 충돌 – 국제·국내적 대립을 군사력을 동원하여 해결하려고 하는 방식(대규모, 지역적, 국지전, 무장 충돌을 포함한 모든 형태의 군사 전투 개념)
   5) 무력 대립 – 국가 간의 한정된 규모의 무력충돌 및 한 국가의 영토 안에서 실시되는 반대 세력 간의 대립 상황

6) 국지전 – 제한된 정치·군사적인 목적을 달성하기 위해 서로 대립하는 국가들이 국경에서 실시하는 전쟁, 오직 해당 국가들의 이익에만 관련이 있음(지역적, 경제적 이익).

7) 지역전쟁 – 중요한 정치·군사적인 목적을 달성하기 위해 일정한 지역의 여러 국가들이 참가하는 전쟁으로 국가 혹은 연합군이 실시하는 전쟁

8) 대규모전쟁 – 급진적인 정치·군사적 목표를 달성하기 위해 연합국 혹은 강대국들 간의 전쟁, 대규모 전쟁은 수많은 세계 여러 국가들이 관여하여 국지적 또는 지역적 무력대립으로 확대될 수 있음.

9) 러시아연방의 군사기관 – 연방의 군사적 방향으로 운용되는 정부기관을 총체적으로 이르는 용어, 군사적 방법을 통해 자신의 목적을 수행하는 러시아연방군 및 기타 군이 속해 있으며, 군사활동과 지휘체계 및 국방전술전략연구소를 포괄하는 기관

10) 군사계획 – 군의 위계질서 확립, 군목적 달성, 군과 기타 군의 창설과 발전, 안보 강화를 위한 지원

11) 러시아 연방의 동원준비력 – 동원계획을 수행하기 위하여 러시아 국군, 국가경제, 연방정부, 국가기관, 지방자치단체의 능력

12) 비핵무기억지시스템 – 러시아연방을 비핵무기를 통한 외부 공격으로부터 방어하는 대외정치, 군사, 군사기술적 종합 조치

## Ⅱ. 러시아연방의 전쟁 위협과 군사안보

9. 현대 세계의 발전은 세계 경쟁의 강화, 다양한 분야에서의 국제 및 국내협력 내 긴장 강화, 우선가치를 둘러싼 경쟁구도의 강화, 국제관계에서의 정치·경제 발전 프로세스의 불완전성이라는 특성을 가지고 있음. 정치적 이익과 경제성장을 위한 영향의 점진적 재분포가 발생함.

10. 많은 지역 갈등이 해결되지 않은 상태로 남아 있다. 러시아연방에 근접해있는 지역을 비롯해 문제를 무력으로 해결하려는 경향이 유지되고 있으며, 현존하는 국제안보시스템은 모든 국가에게 동등한 안보를 보장해주지 못함.

11. 러시아연방의 정보영역과 내부구조에 군사위험과 군사위협이 강화되려는 경향이 발견됨. 러시아가 대규모전쟁에 관여될 가능성이 하락했음에도 불구하고, 러시아를 향한 군사적 위험은 강화됨.

12. 대외적 군사안보
1) 북대서양조약기구(NATO)는 잠재적으로 병력을 증강시키고 있으며, NATO 회원국들은 국제법을 위반하면서 러시아 국경 인근에 군사 시설 등을 건설하려고 하며 활동 반경을 확대하려고 함.

2) 개별 국가나 지역의 상황을 불안정시키고, 국제 및 지역 안정성을 붕괴시키는 행위

3) 러시아연방에 정치-군사적 압력을 부여하는 행위를 비롯해 러시아연방과 인접한 국가, 러시아연방의 동맹국, 러시아 인근 해역에 군 병력을 주둔 혹은 증가시키는 행위

4) 국제안보를 붕괴시키고, 미사일-핵 분야 내 힘의 균형을 깨는 전략적 미사일방어체계를 구축하고 배치하려는 행위, 전략적 비핵무기를 배치함으로서 '전 세계 타격'이라는 개념을 구현하려는 행위

5) 러시아연방과 연방 동맹국의 지역적 권리 및 내정에 간섭하려는 행위

6) 대량살상무기, 미사일 및 미사일 기술의 확산

7) 각국 간 체결된 국제협약의 위반, 기존에 체결된 무기감축 협약의 불이행

8) UN 헌장 및 여타 국제법을 위반하며 러시아연방 및 러시아연방의 인접한 국가 영역에 군부대를 운용하는 행위

9) 러시아연방-동맹국 접경지역 내 무력충돌의 점전적 격화 및 진원지가 존재하는 것

10) 증가하는 국제적 극단주의(테러리즘)의 위협 및 효과적인 국제 대테러 협력이 충분하지 않은 조건에서 새로운 위협의 발생 징후, 방사능 및 유독성의 화학물질이 동원된 테러 행위 실질적인 위협, 무기 및 마약 불법거래에 중점을 둔 초국가적 조직범죄의 확대

11) 국제 인종-종교 긴장감을 유발하는 진원지가 존재하는 것, 국제과격무장단체와 러시아연방 및 연방 동맹국들과의 국경에 인접한 지역에서의 외국 민간군사기업의 활동, 지역분쟁이 존재하는 것, 세계의 일부 지역에서 분리주의·극단주의가 증가하는 것

12) 국제법에 반하고, 주권, 정치적 독립성, 국가 영토 보전에 반하는 목적을 가지고 한 활동과 국제법, 안보, 세계-지역적 안정에 위협을 가하는 행동들이 실현되기 위한 목적으로 한 정보-통신 기술이 군사-정치적으로 사용되는 것

13) 합법정부가 타도되어 러시아연방에 위협을 가하는 러시아연방에 인접한 국가들의 정책 구축 - 러시아 연방에 반하는 외국 국가의 기관 및 특수 부처의 파괴 활동 및 연합체를 결성하는 것

13. 주요 내부적 군사위험

1) 러시아연방의 헌정질서를 타도하는 활동 및 국가 내 정치-사회적 정세를 불안정하게 하는 활동, 공공기관을 비롯해 주요국가, 러시아 연방의 군사 시설 및 정보 인프라의 기능을 파괴하는 활동

2) 러시아연방 주권 훼손을 목표로 한 테러집단 및 개인의 활동, 러시아연방의 통합 및 영토 보전을 훼손시키는 행위

3) 모국 방위에 관련된 역사적, 정신적, 애국적 전통들을 훼손시키려는 목적으로 한

정보를 통해 자국 청년들에게 영향을 미치는 활동

4) 인종간 사회적 긴장감과 극단주의를 선동하는 것, 극단주의 및 인종·종교적 증오 혹은 적대감을 격화시키는 것

14. 주요 군사위협

1) 군사·정치적 상황을 첨예화 하는 것, 무력 사용을 위한 조건을 조성하는 것

2) 러시아연방의 국가·정부 통제 시스템의 작동을 방해하는 것, 러시아연방의 전략적 핵 기능, 미사일 공격 경고 시스템, 우주 공간 및 영공, 핵탄두 보관 시설, 원자력 에너지·원자력·화학·제약·의학·산업 시설 및 기타 잠재적 위험 시설에 대한 통제권이 붕괴되는 것

3) 불법군사단체를 조직하고 훈련시키는 것, 러시아연방과 동맹국영토 내 불법군사단체 활동

4) 러시아연방, 러시아연방에 인접한 국가들 및 동맹국들의 영토에서 실시되는 군사훈련에서 군사력을 과시하는 것

5) 전시에 부분 동원령 혹은 총 동원령을 발령하고, 국가기관 및 군사기관의 통제권을 양도해 일부 국가들의 군사활동을 활성화하는 것

15. 현대 군사 분쟁의 특징과 특성

1) 시민들의 시위에 대한 의지와 특수부대를 폭 넓게 이용해 정치, 경제, 정보 등 8개 비군사적 조치들을 군사력과 복합적으로 사용하는 것

2) 무기시스템, 군사기술시스템, 정밀 극초음속 무기, 전자전 수단, 최신 물리학 이론에 기반한 무기, 정보-통제 시스템, 무인항공기, 로봇 무기 및 기술로 통제되는 자동해양무기들이 대규모로 사용되는 것

3) 전 지역, 세계 정보공간, 공중·우주 공간, 육지, 해상에 작용함과 동시에 적군 영토에 깊숙이 영향을 미치는 것

4) 상위 등급 기지를 선별해서 파괴하는 것, 병력의 기민한 기동 및 사격, 다양한 기동병력의 사용

5) 전투배치 준비의 시간 단축

6) 엄격한 수직적 병력·무기 통제 시스템에서 글로벌 네트워크 자동화 병력·무기 통제 시스템으로 전환됨에 따라 병력 및 무기 통제의 중앙 집권화와 자동화가 강화되는 것

7) 적군 측 영토 내 영구적 교전지역이 조성되는 것

8) 비정규 무장 단체 및 민간 군사 기업이 군사활동에 참여하는 것

9) 간접적·불규칙적인 활동 방법을 적용

10) 자금이 지원되고 관리되는 외부의 정치적 힘 및 사회운동 사용

16. 핵무기는 핵 군사 분쟁 및 재래식 무기(대규모 및 지역 전쟁)가 동원된 군사 분쟁

예방을 방지하는 데 있어 매우 주요한 요소로 남아 있을 것임.

## Ⅲ. 러시아연방의 군사정치

17. 러시아연방의 주요 군사정치 임무는 9가지의 러시아연방법, 오는 '20년까지의 러시아연방 국가안보 전략 및 군사독트린에 따라 러시아연방의 대통령에 의해 결정됨.

18. 러시아연방의 군사정치는 군사대립의 억제와 예방, 군사조직의 향상, 군대를 비롯한 다른 군과 조직의 사용방법 및 형태, 러시아연방의 안보와 방위를 위한 전투태세준비 증가 및 동맹국들의 이익에 초점이 집중되어 있음.

### 군사대립 억제와 예방을 위한 러시아연방의 행동들

19. 러시아연방은 군대, 다른 군 및 조직의 지속적인 준비태세를 통해 군사대립의 억제와 예방을 제공하며, 러시아연방과 동맹국들의 군사방위는 국제법과 러시아연방의 국제조약에 상응함.

20. 핵 전쟁 및 다른 형태의 군사적 대립의 불허를 러시아연방 군사정치의 토대로 간주함.

21. 군사대립의 억제 및 예방에 대한 러시아연방의 주요 임무
    1) 국제·지역 수준의 군사·정치적 상황의 발전 및 현대기술과 정보기술을 이용한 군사·정치적 양국 관계에 대한 평가와 예측
    2) 정치·외교·비군사적 수단으로 군사위협 및 군사위협의 중화
    3) 국제·지역 안정유지 및 적절한 수준의 핵억제 가능성
    4) 전시에 대비한 군대, 다른 군 및 조직의 유지
    5) 러시아연방의 경제, 공안 당국 및 전시 중 문제 해결이 수행 가능한 수준을 보유한 지역에 설립된 지방 정부 및 조직들의 동원 준비 태세 유지
    6) 러시아연방의 방위를 위한 국가, 사회 및 개인 간 공동 협력, 러시아연방 국민들을 위한 군사-애국적 교육의 효율과 국민들의 군복무 준비를 목표로 한 연구와 실현 조치
    7) 동맹국 범위의 증가 및 국제연합(UN) 헌장 조항에 따라 국제안보를 증가하는 해당 동맹국들과의 공동이익을 기반으로 한 협력의 발전, 국제법과 러시아연방의 국제조약에 보편적으로 인정되는 원칙 및 표준, BRICS국가들과의 협력 증대 (브라질, 러시아연방, 인도, 중국 및 남아프리카공화국)
    8) 집단안보조약기구(CSTO)의 일환으로 공동의 안보 시스템의 강화와 해당 시스템의 잠재력 확대, 독립국가연합(CIS)를 비롯한 유럽안보협력기구(OSCE) 및 상하이협력기구(SCO)의 틀 내 국제안보에 대한 협력 강화, 공동 방위 및 안보를 위

한 압하지야 공화국과 남오세티아 공화국과의 협력, 유럽연합(EU)과 NATO와 함께 유럽 안보에 대한 평등한 대화 유지

9) 핵미사일 무기의 감소 및 제한에 대한 러시아연방의 국제조약 준수

10) 재래식 무기 통제 및 상호신임 증가에 대한 조치 이행 분야에 대한 합의의 체결 및 실현

11) 필요시 동등한 권한을 부여받은 러시아가 참여하는 가운데 미사일 방어체계를 구축하는 방안을 포함한 미사일 공격의 가능성에 대비한 양자 및 다자간 협력체계 구축

12) 전략적 미사일 방어체계, 우주무기, 고정밀 전략비핵무기 배치를 통한 개별적인 국가의 군사력 우위 점유 시도에 대응

13) 우주공간에서 다양한 종류의 무기 배치 금지에 관한 국제협약 체결

   (1) 공통적인 기술적 이해를 바탕으로 한 우주 공간에서의 작업 안전보장을 포함한 UN을 통한 우주활동의 안전보장 규정화 합의

   (2) 관련 분야에 대한 국제적 협력체제 구축을 포함한 근지구 궤도에 위치한 물체와 근지구 궤도에서 전개되는 사건에 대한 모니터링에 있어 러시아연방의 잠재력 강화

   (3) UN의 주도 하에 국제평화임무 참여와 여타 국제기구와의 협력을 통한 국제평화임무 참여

   (4) 생물무기금지협약(BWC : Biological Weapons Convention) 준수 여부를 감시하기 위한 국제적 체제 구상 및 승인

   (5) 국제 테러리즘 척결에 동참

   (6) 주권 정치적 자립, 영토 보존, 국제사회의 평화, 안보, 국제 및 지역 안정에 위협이 되며, 국제법에 위배되는 행위를 위한 군사-정치적 목적에 정보 및 통신기술이 사용되는 위험을 감소시키기 위한 여건 조성

## 평시 침략의 즉각적 위협이 가해지는 시기와 전시 러시아군을 비롯한 여타 병력 및 기관의 기본적 임무

22. 러시아연방은 러시아와 그 동맹국에 대한 위협에 대응하며, 국제연합 안전보장이사회(UNSC) 및 여타 집단안보기구가 내린 결정에 의거해 평화유지를 위해 러시아군, 여타 병력 및 기관을 합법적으로 이용할 수 있음.

23. 러시아군을 비롯한 여타 병력 및 기관의 평시 사용은 러시아연방 대통령의 결정에 따라 러시아 연방법에 의거해 이루어짐. 러시아군을 비롯한 여타 병력 및 기관의 사용은 군사정치 및 군사전략환경에 대한 수시 혹은 항시 분석에 기반해 단호하고, 계획적이며, 복합적으로 이루어짐.

24. 러시아연방은 연합국가 혹은 여타 활동에 참여하는 회원국에 대한 무력 침략을 연합국가 전체에 대한 침략 행위로 규정하며, 이에 대한 대응조치를 취할 것임.

25. 러시아연방은 CSTO회원국에 대한 무력 침략행위를 CSTO전체에 대한 침략 행위로 규정하며, 이에 대해 집단안보조약에 의거 대응조치를 취할 것임.

26. 러시아연방의 전략적 군사억제력을 행사함에 있어 정밀 무기 사용을 고려함.

27. 러시아연방은 러시아 및 그 동맹국에 대한 핵무기 및 대량살상무기 사용 시 혹은 재래식 무기를 이용해 러시아에 대한 침략을 감행해 러시아의 존립이 위협받을 시에 이에 대응해 핵무기를 사용할 권리가 있음.

## 핵무기 사용 결정은 러시아연방 대통령이 내린다.

28. 러시아군을 비롯한 여타 병력 및 기관이 수행할 임무들은 러시아연방 방위계획, 러시아연방 대통령의 지시사항, 러시아연방 군통수권자의 명령 및 지시, 러시아연방 법률, 방위관련 전략적 계획안에 의거해 수립 및 이행됨.

29. 러시아연방은 CSTO 집단안보위원회의 결정에 의거해 평화유지 작전에 참여하기 위해 CSTO 소속 평화유지군에 자국 병력을 파견함. 러시아연방은 CSTO 회원국에 대한 군사적 위협에 즉각적으로 대응하며, CSTO 집단안보위원회가 규정한 다수의 임무를 수행하기 위한 목적으로 CSTO 소속 신속대응군 및 중앙아시아지역 신속 배치군에 자국 병력을 파견함.

30. UN 혹은 CIS의 위임장에 의거해 평화유지임무를 수행하기 위해 러시아연방은 러시아연방법과 러시아연방에 체결한 국제협약에 따라 자국 병력을 파견함.

31. 러시아연방과 그 국민의 국가 이익을 수호하며, 국제사회의 평화 및 안보를 유지하기 위한 목적으로 러시아군 병력은 보편적인 원칙과 국제법 규범, 러시아연방이 체결한 국제협약, 러시아연방법에 의거해 러시아 영토 이외에서 즉각적으로 활동할 수 있음.

32. 러시아군을 비롯한 여타 병력 및 기관의 평시 주요 임무
   1) 주권보호, 러시아연방의 영토 보존 및 침략방지
   2) 군사적 충돌 방지를 포함한 전략적 억제력(핵무기 및 비핵무기)
   3) 병력 유지, 전투 및 기동태세준비, 전략핵무기를 비롯해 핵무기 운용 병력 및 자본 확충, 다양한 여건 속에서 침략군에 대한 확실한 피해를 입힐 수 있도록 보장하는 통제시스템 구축
   4) 항공우주무기를 이용한 공격에 대한 러시아 군 통수권자, 러시아 국가기관 및 군사통제 기관, 각종 군사위협에 대한 즉각적인 경고

5) 잠재적인 전략적 위험부담이 존재하는 지역에 병력을 신속히 배치할 수 있는 러시아군을 비롯한 여타 병력 및 기관의 역량 유지

6) 러시아연방 소유의 주요 항공우주방위 시설물 방어 및 항공우주무기를 이용한 타격에 대한 대응태세

7) 전략적 우주공간 내 러시아군의 활동을 보장하는 위성군 배치 및 지원

8) 주요국가 및 군사시설, 통신시설 및 특수화물에 대한 보관 및 방어

9) 러시아군을 비롯한 여타 병력 및 기관이 소유하고 있는 기반시설의 현대화 및 개발 작업 혹은 최신예 시설 설립

10) 러시아연방 영토 외에서 발생할 수 있는 무장 공격으로부터 러시아 국민 보호

11) UNSC 및 국제사회 규범에 의거해 이와 같은 결정을 내릴 권한을 가진 여타 기관들의 결의에 기초하여 국제평화 및 안보 지탱을 위한 작전 참여와 위협 방지 및 침략 행위 근절을 위한 조치 이행

12) 해적행위 척결, 선박 안전보장

13) 태평양 상에서 러시아연방의 경제적 활동보장

14) 러시아연방 영토 내 테러리즘 척결 및 국외에서 발생하는 국제 테러활동 억제

  (1) 국토방위 및 민간인 보호를 위한 활동 대비

  (2) 사회질서 유지 및 사회 안전 보장

  (3) 비상사태 극복 및 사회기반시설 복구

  (4) 비상사태 발령상황 유지

  (5) 북극 내 러시아연방의 국익 보장

33. 침략의 즉각적 위협이 가해지는 시기 러시아군을 비롯한 여타 병력 및 기관의 기본임무

  1) 전략적인 배치를 목적으로 침략의 위험도 감소, 러시아군의 전투 준비태세 격상 및 기동성 강화를 위한 추가적인 조치 이행

  2) 발효된 전투준비태세 수준에서 핵 억제력의 잠재성 유지

  3) 러시아군의 전략적 배치

  4) 군법 이행 상황 유지

  5) 국토방위 및 규정된 방식으로 민간인 보호를 위한 활동 전개

  6) 무력 침략을 당하는 여타 국가가 러시아에 보호를 요청한 경우에 국제법에 의거해 집단적 방위 및 침략행위 저지에 대한 러시아연방의 국제적 의무 이행

34. 러시아연방 및 동맹국에 대한 침략행위 저지, 침략군 격파, 러시아연방 및 그 동맹국의 국익에 부합하는 조건 하에 침략군의 군사행위 저지 등은 침략의 즉각적 위협이 가해지는 시기, 전시에 러시아군을 비롯한 여타 병력 및 기관의 기본적 임무에 해당함.

## 군사조직 발전

35. 군사조직 발전의 주요 과제는 다음과 같음.
    1) 평시, 침략의 즉각적 위협이 가해지는 시기 및 전시 과제에 따른 충분한 수량의 재정적, 물적 및 기타 자원 제공을 감안한 군사조직 요소의 구조, 구성 및 인원 수 조정, 해당 자원의 제공 예정 기간 및 수량은 러시아 연방 사회·경제적 장기 발전 계획에 명시됨.
    2) 방위 및 안보 분야 과제 수행 시 국가·군사지휘체계의 운영 안정성 및 효율성 상승 및 러시아연방 행정기관, 러시아연방 주체 행정기관 및 기타 국가 기관 간의 정보교류 보장
    3) 러시아연방의 항공우주방위체계 개선
    4) 재정적, 물적 및 기타 자원의 합리적 운용에 기반하는 군사조직의 군사적·경제적 지원 개선
    5) 군사기획 개선
    6) 러시아연방의 영토·국민 방위 개선
    7) 무기를 비롯한 군용장비, 특수 장비와 같은 예비동원자원 및 물적·기술적 수단 구비체계 개선
    8) 무기를 비롯한 군용장비 및 특수 장비 운용 및 보수 체계 운영 효율성 상승
    9) 러시아군을 비롯한 여타 병력 및 기관을 비롯해 군사교육시설 및 인사교육시설의 물적 자원을 비롯한 기술지원, 의료지원 및 과학적 지원 통합체계 창설
    10) 러시아군을 비롯한 여타 병력 및 기관의 정보보안체계 개선
    11) 군복무의 위신 상승 및 러시아연방 국민 군복무의 다각적 준비
    12) 러시아연방과 기타 국가의 군사-정치적 협력 및 군사-기술적 협력 보장
    13) 러시아군을 비롯한 여타 병력 및 기관의 동원배치 보장과 동원기지 발전 및 예비동원병력자원 훈련 및 소집 방법 개선
    14) 병력 및 민간 대상 화학, 생물학 및 방사능 공격 보호체계 개선

36. 군사조직의 주요 우선과제는 다음과 같음.
    1) 군사조직 지휘체계 개선 및 지휘체계 운용 효율성 상승
    2) 상비군 부대 병력, 장비 보유량 및 복지 규모의 필수 수준 및 해당 부대의 필수 훈련 보장
    3) 병력 훈련 및 군사교육 수준 상승 및 군사학적 잠재력 증가

## 러시아군을 비롯한 여타 병력 및 기관 창설 및 발전

37. 러시아군을 비롯한 여타 병력 및 기관 창설 및 발전의 주요과제는 예측가능한 군사적 위협과 군사적 분쟁의 내용 및 특성과 더불어 평시, 침략의 즉각적 위협이

가해지는 시기 및 전시 과제와 러시아 연방의 정치적, 사회-경제적, 인구통계학적 및 군사-기술적 조건 및 잠재력을 감안해 러시아군을 비롯한 여타 병력 및 기관의 구조, 구성, 인원 및 최신예 무기, 군용장비 및 특수 장비 보유고를 조정하는 것임.

38. 러시아연방으 다음과 같은 사유를 기반으로 러시아군을 비롯한 여타 병력 및 기관의 창설 및 발전을 실행함.
   1) 러시아군을 비롯한 여타 병력 및 기관의 구조 및 구성 갱신 및 정규 병력 인원 수의 최적화
   2) 러시아군을 비롯한 여타 병력 및 기관의 상비군 부대 및 동원 배치부대의 합리적인 비율 보장
   3) 작전훈련을 비롯한 전투훈련, 특별훈련 및 동원훈련의 질적 향상
   4) 러시아군을 비롯한 여타 병력 및 기관 소속 전투병과, 군단 및 부대와 러시아연방 행정기관, 러시아연방주체 행정기관, 지방자치기관 및 방어편성 관련 조직 간의 협력 개선
   5) 최신예 무기, 군사-특수 장비 공급 및 숙달
   6) 러시아군을 비롯한 여타 병력 및 기관의 기술지원, 군수지원 및 기타지원 체계의 통합 및 조정
   7) 군사교육, 장병양성, 훈련 및 군사학 체계 개선
   8) 고도의 전문성 및 조국에 대한 충성심을 보유한 장병 훈련 및 군복무의 상승

39. 러시아군을 비롯한 여타 병력 및 기관 창설 및 발전의 주요 과제는 다음과 같은 방식으로 달성함.
   1) 군사정책 구상 및 점진적인 실행
   2) 러시아군을 비롯한 여타 병력 및 기관의 효율적인 군사-경제적 지원 및 합당한 재정지원
   3) 방위산업체 운영 효율성 향상
   4) 평시, 침략의 즉각적 위협이 가해지는 시기, 전시에 러시아군을 비롯한 여타 병력 및 기관 지휘체계의 안정적 운용 보장
   5) 러시아군을 비롯한 여타 병력 및 기관의 수요 충족을 위한 국가의 경제적 능력 지원
   6) 러시아군을 비롯한 여타 병력 및 기관의 동원기지를 동원 배치 실시에 적합한 상태로 유지
   7) 평시, 군사적 위협 직면 당시 및 전시 본분의 기능을 수행 가능한 민방위 상비 병력 발전
   8) 군사 시설, 국영 시설 및 특수 시설을 비롯해 국민생활지원시설, 대중교통운영시설, 통신시설, 에너지 관련 시설 및 국민의 건강과 생명을 위협 가능한 시설을

보호하기 위한 지역방위군 창설

9) 러시아연방의 국제조약 및 연방법을 감안한 러시아군을 비롯한 여타 병력 및 기관의 대외 배치를 포함한 배치 체계 개선

10) 전략 및 작전 방면 군사기반시설의 지위 체계 창설

11) 예비동원자원의 조기 구비

12) 러시아군을 비롯한 여타 병력 및 기관의 효율적 정보보안 보장

13) 러시아 국민이 군사훈련계획에 의거해 교육을 이수하는 고등 군사 교육기관을 비롯해 고등국영교육기관의 구조적 개선 및 최신예 물적·기술적 교육기반 제공

14) 군복무 완료 후 퇴역 장병, 국민 및 해당 가족과 러시아군을 비롯한 여타 병력 및 기관의 군무원 대상 사회 복지 수준 향상

(1) 러시아연방법으로 제정된 퇴역 장병, 국민 및 해당 가족 대상 사회적 보장 및 삶의 질적 향상 실현

(2) 러시아군을 비롯한 여타 병력 및 기관 소속 부대의 전투력 보장을 위한 계약 복무병 중심 사병 및 하사관 인원 우선 소집을 감안한 계약 및 징병 복무 장병 소집

(3) 군율, 안녕질서 및 조직질서 강화 및 부정부패 예방 및 근절

(4) 복무 전 일반 국민 대상 직전훈련 및 군사적·애국적 교육 개선

(5) 방위 분야 내 러시아연방 행정기관 및 러시아연방주체 행정기관의 국가 관리 및 민간 관리 보장

## 러시아연방 동원 훈련 및 동원대비태세

40. 러시아여방의 동원대비태세는 동원계획을 정해진 기간 내에 실행하기 위한 준비 작업으로 주어짐. 러시아연방 동원대비태세의 지정 수준은 예측가능한 군사적 위협, 군사적 분쟁의 특성에 의해 좌우되며 필수적인 규모의 동원준비행사 실행과 러시아군을 비롯한 여타 병력 및 기관의 최신예 무기 도입 및 군사-기술적 잠재력의 필수 수준 유지로 달성

41. 동원준비의 주요 과제는 무장공격으로부터의 국가 방위, 전시 국가 및 국민의 수요 충족을 위한 러시아연방을 비롯한 러시아 연방주체 21개, 지방자치 당국의 경제적 대비, 국가 행정기관, 지방자치기관 및 단체의 사전준비 및 러시아군을 비롯한 여타 병력 및 기과의 사전준비임.

42. 동원대비태세의 주요 목표

1) 전시에 안정된 국가통치 보장

2) 동원 기간, 계엄령 기가, 전시에 금융-신용, 세금 제도, 통화제도 기능을 포함한 경제적 및 기타 조치의 이용을 통제하는 규제 기반 설립

3) 전시에 러시아군을 비롯한 여타 병력 및 기관들의 요구와 국가의 다른 요구 및 국민의 요구 보장

4) 동원령 발령시 러시아연방 경제의 이익을 위해 이용되거나 혹은 러시아군에 편성되는 목적의 특수 부대를 설립하는 것

5) 전시에 국가의 요구 및 국민의 요구를 충족시키기에 충분한 수준의 러시아연방의 산업 잠재력 유지

6) 전시에 문제를 해결하기 위해 러시아군을 비롯한 여타 병력 및 기관과 경제 부문에 추가적인 인력 및 산업의 물적·기술 자원 공급

7) 군사 활동의 결과로 파괴되거나 혹은 손상된 시설을 비롯해 무기 및 군사·특수 장비 생산 목적으로 건설된 생산시설 및 운송·통신 시설을 복구하는 재건작업 조직

8) 전시에 자원이 한정된 상황에서 국민들에 식료품 및 비식료품 공급을 조직하는 것

## Ⅳ. 국방에 관한 군사·경제적 지원

43. 국방에 관한 군사·경제적 지원의 주요 과제는 평시, 즉각적 위협이 가해지는 시기, 전시에 지속 가능한 발전을 위한 여건을 조성하고, 군사 정책을 실현하고 군사 조직의 요구를 충족시키기 위한 군사-경제적, 군사-기술적 잠재 역량을 유지하는 것임.

44. 국방에 대한 군사-경제적 지원의 과제

1) 군사 단체에 할당된 과제들을 해결하기에 충분한 수준에 도달하기 위해 국가의 군사-과학적 잠재력을 발전시키고 구가의 재정 및 물적-기술적 자원을 집중시키며 무기 및 장비들의 사용 효율성을 높이는 등의 방안을 통해 러시아군을 비롯한 여타 병력 및 기관들이 무기, 군사-특수 장비를 갖추도록 하는 것

2) 작전, 군사, 특별 동원대비태세에 군을 이용하고, 시행계획을 조직하고, 실현을 위해 필요한 러시아군을 비롯한 여타 병력 및 기관들에 대한 물적 수단을 적시에 완전히 보급하는 것

3) 국방의 이익을 위해 형성되는 국가 내 군사활동과 경제 활동 간의 공조, 민간 및 군 경제 분야 내 특정 생산 분야의 통합, 군사, 특수, 이중 목적의 지적 활동에 대한 법적 보호를 통해 방위산업 복합체를 발전시키는 것

4) 세계 내 신뢰 조치, 세계적-지역적 군사 긴장감을 완화하는 조치를 강화하기 위해 외국과의 군사-정치, 군사-기술 협력을 완성하는 것

## 러시아군을 비롯한 여타 병력 및 기관들이 무기, 군사-특수 장비 보유

45. 러시아군을 비롯한 여타 병력 및 기관들의 무기, 군사-특수 장비 설비의 주요 과

제는 러시아군을 비롯한 여타 병력 및 기관들의 목적과 과제에 부합하고, 무기의 형태 및 사용 방법에도 부합하며, 러시아연방의 경제적 및 동원 능력에도 부합하는 결집력 있고 완전한 23개의 무기 시스템들을 구축하고 유지하는 것임.

46. 러시아군을 비롯한 여타 병력 및 기관들의 무기, 군사-특수 장비 설비 과제
    1) 러시아군과 여타 병력 및 기관들이 최신식 시스템, 무기류, 군사-특수 장비들을 복합적으로 갖추는 것. 또한, 해당 무기들이 전투용으로 사용될 수 있도록 유지하는 것
    2) 통합된 구성요소로 사용되는 다기능 무기 및 군사-특수 장비를 제작하는 것
    3) 정보전 역량 및 수단을 개발하는 것
    4) 러시아연방의 정보 공간의 일부인 러시아 군, 여타 병력 및 기관들의 공통된 정보공간을 통한, 혹은 현대 기술 및 국제 표준을 통한 정보 교환의 수단을 질적으로 향상시키는 것
    5) 러시아군을 비롯한 여타병력 및 기관들의 무기 시스템의 기능적 및 조직적 통합 보장
    6) 정밀무기, 공중 방어 및 우주 방어, 통신, 정보, 통제, 전자전, 무인항공기 체계, 타격 로봇 시스템, 개인 방호 장비의 개발 및 대항할 수 있는 수단 개발
    7) 기본 정보 관리 체계를 형성하고, 해당 체계를 전략적, 작전-전략적, 작전적, 전술적 규모를 통제하는 무기 자동화 복합체계 및 통제 체계와 통합시키는 것

47. 러시아군을 비롯한 여타 병력 및 기관들의 무기, 군사-특수 장비 설비 과제의 실현은 국가 무장 프로그램 및 기타 국가 프로그램에 포함되어 있음.

## 러시아군을 비롯한 여타 병력 및 기관들에 대한 물적 자원 제공

48. 러시아군을 비롯한 여타 병력 및 기관들에 지급되는 물적 자원들의 축적은 기술 및 물류 지원 통합-조정 시스템의 일환으로 이루어짐.

49. 평시 상황에서 러시아군을 비롯한 여타 병력 및 기관들에 대한 물적 지원 지급의 주요 과제는 전략적인 방향 및 가능한 운송 시스템의 물리적-지리적 조건을 고려해 군의 전략적 배치 및 군사 활동 실시를 보장하는 물적 자원 제고를 축적하고 제대별 배치 유지하는 것

50. 직접적인 도발 위협 시기에 러시아군을 비롯한 여타 병력 및 기관들에 대한 물적 자원 공급의 주요 과제는 전시의 상태 및 표준에 따라 군에 대한 물적 자원을 재보급하는 것

51. 전시에 러시아군을 비롯한 여타 병력 및 기관들에 대한 물적 자원 보급의 주요 목표
    1) 군 그룹의 목적, 절차, 편성 기간, 추정되는 군사 활동의 지속 기간을 고려해 여

분의 물적 자원을 지급하는 것

2) 무기, 군사·특수 장비의 수리 및 공급을 담당하는 산업 단체의 능력을 고려해, 군사 활동 기간 동안 손실됐던 무기, 군사-특수 장비, 물적 자원을 보충하는 것

## 방위산업 복합체의 개발

52. 방위산업 복합체 개발의 주요 과제는 러시아군을 비롯한 여타 병력 및 기관들의 현대 무기, 군사·특수 무기에 대한 요구를 충족시키고, 세계 첨단 기술 및 서비스 시장 내 러시아연방의 전략적 존재감을 보장해 줄 수 있는 국가 경제의 종합적인 첨단 기술 부문과 같은 해당 복합체의 효과적인 기능을 보장하는 것임.

53. 방위산업 복합체 개발의 과제는 아래와 같음.
   1) 대규모 과학·산업 구조의 설립 및 발전을 기반으로 한 방위산업 복합체의 완성
   2) 무기 및 군사 장비의 개발, 생산, 수리 분야에서의 국가 간 협력 시스템의 완성
   3) 국가 무장 프로그램에 부합하는 무기, 군사·특수 장비의 전략적 및 기타 모델 생산 분야에서 러시아연방의 기술적인 독립 보장
   4) 국내 부품 및 기본 요소들을 포함한 수명 주기의 모든 단계에서 무기, 군사·특수 장비를 개발 및 생산하는 데 있어 물적-원료를 보장하는 시스템 완성
   5) 유망한 무기, 군사·특수 장비 모델 및 시스템의 개발과 제작을 보장하는 주요 기술 복합체 구성
   6) 전략적으로 중요한 방위산업 복합체 기관에 대한 국가 통제 유지
   7) 과학·기술 및 생산·기술 기지의 질적 혁신을 가능하게 하는 혁신·투자 활동의 활성화
   8) 무기의 생산을 비롯해 현재 사용 중인 장비 정비 및 무기의 예상 모델 생산과 개조를 보장하는 러시아군의 핵심 군사 기술 구축, 또한 기존에 달성하지 못한 새롱누 군사-특수 장비 개발 및 제조를 위한 기술적 부문과 과학·기술 부분에서의 발전 보장
   9) 러시아군 및 여타 군 군사·특수 장비 무장의 효율성 향상을 목표로 방위산업 복합체 프로그램 기획 시스템 개선 및 방위산업 복합체의 동원준비태세 완비
   10) 첨단 시스템을 비롯해 군사·특수 기술 및 무기 모형 생산과 개발, 군용제품의 품질과 경쟁력을 향상시키고, 무기 및 군사·특수 기술 제품의 라이프 사이클 관리 시스템 창출
   11) 무기 납품 및 주문된 무기를 배분하는 장치 완비
   12) 연방법에 규정된 국방예산 집행기관의 경제적 촉진 실현
   13) 방위산업 복합체의 효율적인 기능과 발전을 보장하는 경제적 장치 확보 및 방위산업 복합체 개선
   14) 방위산업 복합체 직원의 지적 능력 향상과 인재 양성 완비 및 방위산업 복합체

직원의 사회보장제도 구축
   (1) 첨단 무기 모형 제작 및 개발과 군사-특수 장비의 용량 및 품질을 보장하는
      방위산업 복합체의 산업기술 완비

## 러시아와 타국 간 군사-정치적 및 군사-기술 부분에서의 협력

54. 러시아연방은 대외적·경제적 합당성과 러시아연방의 국제적 조약과 연방법에 기초
   해 타국을 비롯해 국제기구 및 지역 단체와 군사 정치적·군사기술 부분에서 협력
   하고 있음.

55. 군사-정치적 협력 과제
   1) 국제법과 UN헌장에 기초해 국제적 안보강화 및 전략적 안정 완수
   2) CSTO 및 CIS 회원국들을 비롯해 압하지야 공화국, 남오세티야 공화국 및 다른
      국가들과의 우호적인 협력 관계 형성 및 발전
   3) 러시아 관여 하에 이루어지는 지역안보체계 창설에 대한 회담 전개
   4) 분쟁 상흥 예방을 비롯해 여러 지역에서의 평화 유지 및 강화를 위해 러시아군
      의 평화유지 작전 참여와 국제기구와의 관계 발전
   5) WMD 확산방지 관련국 및 국제기구와의 대등한 관계 유지
   6) 군사-정치적 목적으로 과동한 정보통신기술 사용으로 인한 전쟁의 위험 및 군사
      적 위협에 대응하기 위한 관련국들과의 대화 발전
   7) 러시아의 국제적 의무 이행

56. 군사-정치적 협력의 우선순위
   1) 벨라루스와의 협력 : 국군 발전 및 군사 인프라 사용 영역에서의 활동 조정, 동
      맹 국가의 군사 독트린에 부합한 동맹 국가 국방력 발전 유지를 위한 정책 고안
      및 합의
   2) 압하지야 공화국 및 남오세티야 공화국과의 공동 국방 및 안보 보장을 목적으로
      한 협력
   3) CSTO 회원국들과 공동 국방 및 안보 보장을 위한 병력 및 장비 개선 노력 강
      화
   4) 지역적, 국제적 안보 확립 및 평화유지 활동 전개를 위한 CIS국가들과의 협력
   5) SCO 회원국들과의 협력 : 공동 영역에서의 군사 위협과 새로운 군사적 위험에
      대항하기 위한 법적 체계 구성
   6) UN 및 기타 국제 및 지역 기구들과의 협력 : 평화유지 작전 지휘부와 평화유지
      작전 준비를 위한 조치 이행 및 계획 과정에 국군 및 기타군의 개입, 군비 통제
      와 군사 안보 강화 영역에서의 국제적 협정 이행, 협의에 참여, 평화유지 작전에
      서의 국군 및 기타군의 참여 확대

57. 군사·기술 분야 내 협력 과제는 연방법에 기초해 러시아 대통령에 의해 확정됨.

58. 군사·기술 분야 내 협력의 주요 방향은 러시아연방의회를 통한 러시아 대통령의 연간 연설을 토대로 구성됨.

\*\*\* 군사 독트린 규정은 군사적 위험이나 위협, 군사 안보 및 국방 실현에 있어서의 과제 그리고 러시아 발전 상황이 변화함에 따라 세부화될 수 있음.

■ 러시아연방 해양독트린/러시아연방 대통령령(2015.7.27.)

〈그림1〉. 러시아연방 대통령령 (2015.7.27.), 「러시아연방 해양독트린」

□ 주요내용
- 구성 : 러시아연방의 해양정책 기본문서, 총 101개 조항
- 목적 : 세계 해양에 대한 러시아연방의 국가이익을 이행하고 보호하며 해양력 강화
- 요지
  - 전략적 국가 우선순위와 단·장기 해양 정책 내용
  - 해양 활동과 관련된 경제 및 과학 부문의 국가 및 관리의 해양 잠재력 실현
  - 국가 해양 정책의 법적, 경제적, 정보적, 과학적, 인력 및 기타 지원
  - 국가 해양 정책의 이행 및 조정의 효과 평가
- 시행 : 러시아연방 대통령령 (2015.7.27.)

# Ⅰ. 개 요

러시아연방 해양 독트린(이하 해양독트린)은 해양 활동 분야에서 러시아연방의 국가 정책·러시아연방의 국가 해양정책(이하 국가 해양정책)을 결정하는 기본 문서이다.

해양 활동은 지속 가능한 개발과 러시아연방의 국가 안전보장을 위해 세계 해양의 연구, 개발 및 사용을 위한 활동이다.

해양독트린의 법적 근거는 러시아 헌번, 연방 헌법 및 연방법, 해상활동 분야에서 일반적으로 인정되는 국제법의 원칙 및 규범, 해양활동 분야에서 러시아연방 국제조약, 세계 해양 자원 및 공간 사용에 관한 러시아연방의 기타 규제 법률 행위이다.

국가 해양정책의 이행은 러시아연방의 해양 잠재력을 구성하는 국가와 사회의 전 자원에 의해 보장된다.

러시아연방의 해양 잠재력의 기초는 해상 운송, 해군, 어업, 연구 및 특수 함대뿐만 아니라 러시아 국방부의 해양전력 및 자산, 연방 보안국의 힘 및 자산(이햐 러시아함대), 시설 및 연료 및 에너지 및 광물 자원, 기타 광물, 국가 조선 및 조선소의 조직 및 기능 및 개발을 보장하는 인프라의 탐사 및 생산 수단이다.

# Ⅱ. 국가의 해양정책

1. 국가 해양정책은 국가와 사회가 해상, 내해, 영해, 배타적 경제수역, 러시아 대륙붕 및 러시아 대륙의 국가이익을 달성하기 위한 목표, 원칙, 방향, 과제 및 방법의 결정, 공해뿐만 아니라 구현을 위한 실제 활동이다.

2. 국가 해양정책의 주체는 국가와 사회이다. 국가는 연방 정부 기관과 러시아연방 구성 기관의 정부 기관을 통해 국가 해양정책을 시행한다. 이러한 회사는 러시아연방 헌법과 러시아연방 법률에 따라 행동하는 지방 정부 기관, 관심있는 공공단체 및 비즈니스 커뮤니티를 통해 국가 해양정책의 형성 및 구현에 참여한다.

3. 국가 해양정책의 주요 내용은 다음과 같다.
   a) 전략적 국가 우선순위 결정 및 단·장기적 해양정책 내용

b) 해양활동과 관련된 경제 및 과학 분야의 국가 해양 잠재력의 실현 및 관리

c) 합법적, 경제적, 정보적, 과학적, 인력 및 국가 해양정책에 대한 기타 지원

d) 국가 해양정책의 시행 효과 및 조정에 대한 평가

4. 세계 해양에 대한 러시아연방의 국가이익은 러시아연방의 해양 잠재력에 기초하여 이행된 해양활동 분야에서 국가와 사회 요구의 총합이다.

5. 세계 해양에 대한 러시아연방의 국가이익은 다음과 같다.

a) 내해, 영해, 해저 및 지상뿐만 아니라, 영공까지 확장된 러시아 주권의 불가침

b) 독점 경제권가 러시아 대륙의 대륙붕에서 행사된 러시아연방의 주권과 관할권, 바다와 강, 해수, 생물 자원과 무생물 자원의 탐사, 개발 및 보존을 목적으로 이러한 자원, 물, 조류 및 바람의 사용을 통한 에너지 생산, 인공섬, 설치 및 구조물의 생성 및 사용, 해양과학 연구, 해양환경의 보호 및 보존, 해양 잠재력의 군사적 구성 요소의 참여로 국가의 방위 및 안보를 위해 개발 및 사용, 국제 해저 지역의 광물 자원을 연구하고 개발할 권리

c) 항해, 비행, 낚시, 과학 연구, 해저 케이블 및 파이프라인의 자유를 포함한 공해의 자유

d) 해상에서의 인간 생명 보호

e) 중요한 해상 통신 기능

f) 폐기물의 해양 환경 오염 방지

g) 해안지역의 지속 가능한 경제 및 사회 개발을 위한 세계해양자원과 공간의 통합 사용

6. 국가 해양정책의 목표는 세계 해양에 대한 러시아연방의 국가이익을 이행하고 보호하며 주요 해양력 중 러시아연방의 지위를 강화하는 것이다.

7. 국가 해양정책의 주요 목표는 다음과 같다.

a) 내해, 영해 및 영공에서 주권 수호

b) 해저에 위치한 천연자원의 탐사, 개발, 운송 및 보존을 위한 독점적 경제 구역에서의 관할권 행사 및 주권보호, 해역의 자원관리, 물, 조류 및 바람을 이용한 에너지 생산, 인공섬, 시설 및 구조물의 사용, 해양과학 연구수행 및 해양환경 보존

c) 자원의 탐사 및 개발에 대한 러시아연방 대륙붕에 대한 주권의 이행 및 보호

d) 공해의 자유 실현과 보장.

e) 해상에서의 인간 생명 보호

f) 해양 및 해역의 침략으로부터 러시아연방 영토 수호, 해상에서 러시아연방의 국경수호

g) 국가의 지속 가능한 경제 및 사회 발전 보장

h) 해양 자연 시스템의 보존 및 자원의 합리적인 사용

8. 국가 해양정책의 원칙은 다음과 같은 기본 조항을 포함하며, 이는 다음과 같은 기본 조항을 구성하고 시행하는 과정에서 국가 해양정책의 주제에 따라 결정된다.

   a) 해상활동의 이행과 세계 해양에서 러시아연방의 국가이익 수호에 관한 국제법의 일반적 원칙과 규범과 러시아연방 국제조양긔 규정 준수

   b) 세계 해양의 모순을 해결하고 러시아의 국가안보에 대한 기존, 그리고 새롭게 등장한 도전과 위협을 제거하는 정치적, 외교적, 법적, 경제적, 정보적 및 기타 비군사적 수단의 우선순위

   c) 국가의 해상활동을 강제로 지원하고 해상에서 러시아연방의 국가안보에 대한 위협을 제거하고 러시아연방 국경의 불가침성을 보장하기 위해 필요한 경우 충분한 해군 잠재력과 효과적인 사용 보유

   d) 지정학적 상황에 따른 우선순위 변화를 고려하여 해양활동 및 특정 지역에서의 차별화에 대한 접근

   e) 세계 해양의 북극 및 타 지역에서 러시아 함대가 존재하고, 남극에서 러시아 연구원의 활동을 보장하는 것을 포함하여 러시아연방의 해양 잠재력을 러시아연방의 국가이익과 일치하는 수준으로 유지

   f) 국가 해양정책의 형성과 이행에 있어 러시아 정부기관, 지방 정부기관 및 공공단체의 노력에 대한 상호작용과 조정

   g) 국가 해양정책의 형성과 이해에 관한 과학적 연구의 축적, 조정 및 통합

   h) 연안지역, 영해, 독점 경제 구역 및 러시아연방 대륙붕의 국가 생태 모니터링 (환경상태 모니터링) 시스템 개발에 대한 통합 접근법

   i) 러시아 해양활동의 경쟁력 유지를 위한 해양과학 연구 강화

   j) 국제 해저 지역의 광물 자원 탐사 및 개발을 포함하여 다양한 유형의 해역에서 러시아 개인 및 법인의 해양 활동에 대한 법적 지원

   k) 내해, 영해, 독점 경제 구역 및 러시아 대륙붕의 국가 및 항구의 천연자원 사용 및 국가 항만 통제 및 세계 해양에서 러시아연방 국기를 달고서 해양활동을 수행하는 선박에 대한 효과적인 국가 통제 및 감독 연합

   l) 전통적으로 항해, 군사, 과학 및 경제 요구를 위해 인프라의 통일과 관련된 러시아연방 영토 내에서 러시아 함대의 인프라 건설 및 개발에 대한 노력 집중

   m) 해상 운송, 어업, 과학 연구 및 특화된 함대 및 조직의 동원태세 준비뿐만 아니라 해상을 향한 과제를 해결하기 위해 해군의 준비태세 유지

   n) 선원, 해운회사 관리인 및 정부 기관의 해군 훈련의 일관성

   o) 해안지역 및 해안지역 용수 개발의 복잡성, 해안지역의 중소기업 지원

   p) 러시아 중부와 해안지역, 특히 북극, 크림연방 지구를 포함한 극동 및 북부 간 수자원 통신을 포함한 통신 개발을 위한 센터 및 지역 자원의 집중

　　q) 생태계-해양환경 전체와 상호 관계에서 발생하는 과정에 대한 고려

　　r) 해상에서의 인간 생명 보호

　　s) 러시아 함대의 인력 자원 보호, 선원의 건강 상태를 모니터링하기 위한 시스템
　　　개발

　　t) 젊은이들의 훈련 및 교육 시스템, 해상 활동 분야의 서비스 및 작업을 위한 훈
　　　련 인적자원의 유지 및 개선

　　u) 국가 해양정책의 목표와 전통에 대한 효과적인 홍보

9. 국가 해양정책의 임무는 세계 해양에 대한 러시아연방의 국가이익에 의해 결정되
　며, 목표 달성을 위해 원칙에 따라 구성된다.

10. 러시아 대통령과 정부는 국가 해양정책의 임무를 그 역량 내에서 공식화해야 한다.

11. 국가 해양정책의 임무는 단기와 장기 목표로 나누어진다.

12. 단기 과제는 다음과 같다.
　　a) 세계의 지정학적 조건, 군사-정치적 및 경제적 상황의 변화
　　b) 러시아연방과 그 개별 지역에서의 사회-경제적 상황
　　c) 세계 시장의 경제 상황 – 생물, 탄화수소 및 기타 세계 해양자원
　　d) 과학 기술 진보의 성취
　　e) 러시아 해양활동의 효율성 정도

13. 장기 과제는 기능적 및 지역적 목표에서 국가 해양정책의 주요 내용을 구성한다.

14. 국가 해양 정책 과제는 러시아와 세계의 해양활동 개발의 상태와 동향에 대한 진
　　행 중인 비교 분석의 결론, 러시아연방의 국가 안전보장과 관련된 문제에 대한 시
　　스템 연구 결과 및 국가의 이행 결과를 고려하여 수행된다.

15. 국가 해양정책 과제의 해결 방안은 연방 집행기관, 러시아연방 구성 기관의 집행
　　기관, 지방 자치 단체, 공공 단체 및 러시아연방 비즈니스 공동체의 구조에 의해
　　수행된다.

## Ⅲ. 국가의 해양정책 내용

16. 러시아는 지역에서 합의된 단·장기 과제 이행을 통해 일관된 국가 해양정책을 시
　　행한다.

17. 국가 해양정책은 세계 해양의 공간과 자원의 연구, 개발 및 사용을 위한 해양활동
　　사명에 따른 해양활동 영역이다.

18. 국가의 해양정책에는 다음 활동이 포함된다.

a) 해상 운송 분야에서의 활동
b) 세계 해양 자원의 개발 및 보존
c) 해양 과학 연구
d) 해상 및 기타 해양 활동 분야

19. 해상 운송은 러시아연방 통합 운송 시스템의 필수 부분이다. 러시아의 대외 무역 화물의 대부분은 재료 및 기술을 기반으로 수행된다. 극동 및 극동지역의 생명 유지에 있어 해상 운송의 역할은 지속적으로 중요하다.

20. 해상 운송 정책은 국가의 경제적 독립과 국가안보를 보장하는 수준에서 함대 및 항만 인프라의 개발 및 유지에 유리한 조직 및 경제 환경을 조성하여 운송 비용을 줄이고, 해외무역, 연안 및 운송 교통량을 증가시키는 것이다.

21. 이를 위해서는 다음과 같은 장기 과제를 해결해야 한다.
a) 해상 운송 차량의 개선, 세계 화물 시장에서의 경쟁력 향상, 러시아연방 선박의 평균 수명 감소
b) 장기적인 자금 조달 메커니즘의 개발을 통해 러시아 국적 선박으로 등록된 해상 운송 수단의 점유율 증가
c) 제공되는 서비스의 질과 항만 및 항행 항법의 안전성 향상을 위해 운송 차량의 종류를 지원하는 특화된 함대 시설의 개선
d) 국가 대외무역 및 운송화물의 운송총량에서 러시아 해운회사의 해상 운송선박 비율 증가
e) 기존 항만 및 터미널의 신규 및 현대화를 통한 항만 시설 개발
f) 철도노선, 고속도로 건설 및 재건, 현대 교통 및 물류 센터 설립을 통한 항만 인프라의 기능 및 개발 보장
g) 해상 운송 및 기반 시설의 동원준비 및 보장
h) 국내 항구의 경쟁력과 투자력 증가
i) 운송 서비스의 품질과 항법의 안전성 면에서 기존 항로와 관련하여 국제적 국가 교통수단으로서 북극항로 보존
j) 항해 안전을 보장하기 위한 통합 시스템 개발 및 신뢰성
k) 항해 안전 분야의 국제적 및 국가적 요구사항을 충족시키는 해상 운송에서 선원의 건강보호, 노동 자원 보호 및 보호 시스템 개발
l) 해양 활동 이행에 있어 위험 예방을 위한 강제적 환경보험시스템 형성
m) 해상 운송 투자 프로젝트 일부로서 환경 요건 이행, 폐수 처리를 위한 기존 시설 재건, 선박 폐기물 처리를 통한 환경 보호 증가

22. 세계 해양 자원 개발은 러시아연방의 자원 기반을 보존하고 확장하여 경제 및 식량 안보를 보장하는 데 필수적인 요건이다.

23. 러시아는 수산자원의 어획량 측면에서 세계 최고의 어업국 중 하나이다.

24. 어업은 국가의 식량으로 중요한 역할을 하며, 식량의 안전을 보장하고, 해안지역 주민의 중요한 고용 원천이 된다.

25. 러시아 어업의 주요 영역은 독점 경제 구역의 수산자원과 러시아연방의 대륙붕이다.

26. 러시아연방의 수산자원을 효과적으로 개발하고 주요 해상 세력의 지위를 유지하기 위해 어업 시설은 산업의 현대화 및 기술 장비를 갖춘 혁신적인 개발 모드로 체계적으로 전환되고 있다.

27. 이를 위해 해양 어업 분야에서 다음과 같은 장기 목표가 이루어진다.
    a) 러시아 해상과 러시아연방의 독점적 경제구역 외곽에서 세계 해양의 수산자원에 대한 정기적인 자원 연구 및 모니터링 수행
    b) 러시아의 영해 및 대륙붕의 해양생물의 보존 및 합리적 이용
    c) 해양 수산자원의 확보에 대한 국가 통제 효율성 증대
    d) 러시아 어선이 이용 가능한 해양 및 해양 수산자원의 시공간적 분포에 대한 효과적인 예측에 치초한 어선 관리 최적화
    e) 선원의 동원훈련 및 준비, 어선 인프라 확보
    f) 생산 시설의 체계적인 개조 및 기술적 재설비
    g) 기존 어류 가공 및 냉장 시설의 현대화뿐만 아니라 새로운 건설
    h) 어업 분야의 과학적 연구 개발의 방향과 범위 확대
    i) 수산 생물자원의 인공 생산증가, 어류 및 비어류 사육 및 현대 기술 기반의 해양개발
    j) 현대 통신시설의 사용에 기초한 어선활동 및 정보 처리의 모니터링 시스템 개발
    k) 러시아 조선소에서 어선 건설을 위한 주문의 우선적 조성
    l) 수산 생물 자원의 효율적인 추출 및 가공을 위한 새로운 기술 공정 및 장비의 개발, 어류 저장 및 운송 방법 개선
    m) 모든 어업 지역에서 어선의 통합 서비스를 위한 해상 터미널 개발
    n) 어업 현장에서 원자재를 종합적으로 처리할 수 있는 현대식 어업 및 가공 어선을 사용하여 외국의 배타적 경제 수역의 합의된 영역, 및 공해에서 수산 생물 자원의 보유량 유지 및 증가
    o) 세계 해양 생물자원 이용에 대한 경쟁이 심화되고 국제 조정 프로세스가 발전하고, 어업의 국제 법적 규제 및 해양 환경을 보호하고 보존하기 위한 활동에 대한 요구사항이 증가함에 따라 국제 수산기구 활동에서 러시아연방의 참여 강화
    p) 카스피해와 아조프해에서 생물 자원의 보존과 이용 측면에서 러시아연방의 이익을 보장하고, 멸종위기에 처한 가치있는 수산생물자원 종을 보존하기 위한

해양국과 합의된 조치를 개발하고 엄격하게 준수

q) 수산 생물자원의 품질과 안전성을 모니터링하기 위한 시스템, 가공 제품, 어업 및 양식업의 기술 프로세스 수행

r) 러시아 국민에 의한 수산 생물 자원으로부터 상품의 소비를 보장하는 수준으로 증가시키는 것을 목표로 하는 조치 개발 및 이행

s) 해역 및 수산 생물 자원에 대한 잠재적 위협을 효과적으로 모니터링하고 수산 생물 자원에 대한 가능한 피해에 대한 적절한 대응전략, 해양 프로젝트에 대한 어업 요건을 엄격히 준수하고, 러시아 국민의 해양활동을 보장하고, 러시아 대륙붕에서 수산 생태계의 안전보장

28. 육상에서 탄화수소 매장량 및 기타 광물 자원의 고갈이 전망됨에 따라 러시아 전역으로 광물 자원 탐사를 미래 해양과 해저로 재조정한다.

29. 광물 자원 기반의 보존 및 추가 확대, 전략적 매장량 조성, 세계 해양 광물 및 에너지 자원 개발을 전망하기 위해 다음과 같은 장기 과제가 진행되고 있다.

a) 해저 위의 물리적 범위를 측정하고 해저 바닥에서 드릴링 및 리프팅 작업을 수행하고 지질 환경의 상태를 모니터링하여 러시아연방 대륙붕의 지질 구조 및 자원 잠재력 결정에 대한 연구

b) 수중 가스 하이드레이트 등과 같은 비전통적인 에너지 원료를 포함한 세계 해양의 광물 및 에너지 자원의 연구 및 개발

c) 국가안보를 고려하여 연료, 에너지 및 광물 자원, 러시아연방 대륙붕 및 세계 해양의 기타 광물 탐사 및 생산에 대한 국가 통제 및 규제

d) 해양 개발과 러시아연방 대륙붕에서 유망한 석유 및 천연탄화수소의 집중적 탐사

e) 러시아의 대륙붕에 입증된 광물 및 에너지 자원 매장량을 전략적 매장량으로 보존

f) 국제 해저 지역의 광물 자원 연구, 탐사 및 추출을 위한 조건과 기회의 창출, 1982년 12월 10일 UN해양법에 관한 UN협약에 의해 확립된 국제 해양국의 권한 범위 내에서 통합, 러시아의 광물 탐사 및 개발에 대한 권리 보장

g) 시추 플랫폼, 수중 및 빙하 어업 장비 설계, 건설 및 운영에 대한 엄격한 국가 감독 구현을 통한 인위적 재해 예방

h) 소비자에게 천연탄화수소 파이프 라인 및 운송의 최적 조건 보장

i) 세계 해양의 광물 및 에너지 자원의 연구, 개발, 추출 및 운송을 위한 새로운 기술 수단 및 기술 개발, 다양한 클래스의 해양 플랫폼 건설을 포함한 특수 조선 분야에서의 작업 강화

j) 선원의 동원 훈련 및 준비, 연구, 그리고 전문 선단의 인프라 확보

k) 국제 해양국과 서명한 탐사 협약에 의한 러시아의 의무 이행

l) 해양의 바람 및 파도, 수온, 열 에너지 및 조류 등을 이용한 전기 에너지 생성

을 위한 혁신적인 기술 개발

30. 근해에서 천연탄화수소의 파이프 라인의 효율적인 운영은 국내 소비와 러시아연방의 외국 경제 활동을 보장하는데 전략적으로 중요하다.

31. 수출용 에너지 원료 공급에 있어 해양 가스파이프 라인의 역할은 특히 중요하다.

32. 이러한 상황을 고려할 때, 수중 파이프 라인 네트워크 개발 측면에서 국가 해양정책에 대한 다음과 같은 장기 목표가 적합하다.
   a) 로봇, 로봇단지 및 시스템을 포함한 현대 기술 수단 개발 및 이용 포함 해양 파이프 라인 설계, 건설 및 운영에 대한 엄격한 국가 감독을 구현함으로써 인위적 재난 예방
   b) 해양 파이프 라인의 안전성을 개선하고, 특별규칙, 허가 조건 및 요구 사항을 포함하여 천연탄화수소의 해상운송으로 인한 부정적 결과로부터 환경 보호

33. 해양과학 연구는 세계 해양과 해양 이용에 대한 체계적인 지식 획득에 목적이 있다.

34. 해양과학 연구정책은 해양활동 및 해양잠재력의 지속 가능한 개발을 보장하고, 러시아의 국가안보를 강화하며 자연 재해 및 인공 재해로 인한 잠재적 피해를 줄이는 데 과학 기반을 구축한다.

35. 이러한 분야의 장기 목표는 다음과 같다.
   a) 해양환경, 자원 및 해양공간, 세계 해양의 이용과 관련된 모든 문제에 대한 체계적인 연구 보장
   b) 세계 해양 지식을 습득하여 러시아연방의 국가 이익을 효과적으로 이행하고 보호
   c) 다음을 포함하여 전지역의 과학 및 기술 단지 형성 및 후속 개발
      - 원격 감지 및 직접적 관찰에 기반한 세계 해양 및 해양의 통합 모니터링 시스템
      - 연구 선단(함대)
      - 해양 공학 및 해양 생명 공학 개발을 위한 실험 기반
      - 수중 차량
      - 해도 제작 지원
      - 해양 환경에 관한 데이터베이스 및 데이터뱅크
   d) 해양 활동 분야에서 국제기구의 범위 내 활동을 포함한 국제 협력 개발

36. 이러한 작업의 해결책은 다음과 같은 연구로 보장된다.
   a) 대륙붕, 독점 경제 구역, 영해 및 러시아 해역
   b) 세계 해양 생태계, 해양 생물자원, 러시아연방 해수 전반
   c) 대륙의 경사, 수중 협곡, 해저 구조, 자연 및 인위적 요인의 영향에 따른 변화
   d) 세계 해양 및 관련 지역에서 발생하는 북극 및 남극, 세계의 자연 화경
   e) 지구 환경 지속 가능성과 재생 가능한 자원 잠재력의 최적 이용에 있어 가장

중요한 요소인 해양과 다양한 해양생물

　f ) 지구 환경의 요인이 지구 환경에 미치는 영향을 포함하여 지구의 생태계와 기후에 대한 세계 해양의 영향력

　g ) 해양 피해와 이와 관련된 국가 현상의 개체군에 대한 위험

　h ) 세계 해양의 환경 변화과 러시아연방 내수 변화

　i ) 러시아 선단(함대)의 활동에 대한 기상, 항해 및 수로, 구조, 의료, 정보 지원 문제

　j ) 해양 파이프 라인, 시추 플랫폼 및 수중 및 빙하 어업 장비 건설 및 운영 문제가 해양환경에 미치는 영향

　k ) 세계 해양 공간과 자원을 사용하는 군사-정치, 경제-법적 문제, 해상 및 기타 유형의 해양활동문제, 다양한 법률 체계에서의 상선 운송 제한 및 통제 등

37. 해군 활동은 러시아연방 국가안보의 주요 우선순위의 지속 가능한 개발과 이행을 위해, 세계 해양에서 유리한 조건을 군사적 방법으로 형성하고 유지하기 위한 국가적 목적 활동으로 이해한다.

38. 해군 활동은 러시아에 대한 침략을 방지하고 국가이익을 실현하기 위해 세계 해양에서 수행되는 국가의 군사 활동의 필수적인 영역이다.

39. 해군 활동은 우선순위가 가장 높은 범주에 속한다.

40. 러시아 해군활동 분야에서의 국가정책의 기초, 주요 목표, 전략적 우선순위 및 과제 및 이행 조치는 러시아 대통령에 의해 결정된다.

41. 러시아 외교정책의 도구 중 하나인 러시아연방의 해양 잠재력의 주요 구성 요소와 기초는 해군이다.

42. 해군은 군사적 방법으로 러시아연방과 동맹국의 국가이익을 군사적 방법으로 보호하고, 세계 및 지역 차원에서 군사-정치적 안정성을 유지하고, 해양으로부터의 침략을 막기 위한 것이다.

43. 해군은 러시아의 해양활동의 안전을 보장하기 위한 조건을 만들고 유지하며, 러시아의 해군 존재를 보장하고, 세계 해양에서의 해양력을 보여주고, 해적과의 전쟁, 군사, 평화 유지 및 러시아연방의 이익을 충족시키는 인도주의적 행동은 외국 항구에서 해군의 선박과 선박을 요구한다.

44. 해군의 작전-전략적 구성 : 북양, 태평양, 발트해 및 흑해함대와 카스피해 소함대는 해당 지역에서 국가 해양정책의 과제를 해결하기 위한 원동력이다.

45. 함대와 카스피해 소함대의 양적·질적 구성은 특정 지역에서 러시아연방의 국가이익과 안보에  대한 위협에 해당하는 수준으로 유지되며, 조선 및 선박수리를 위한

적절한 인프라가 제공된다.

46. 러시아연방 보안국은 그 권한의 한계 내에서 러시아연방 국경의 보호, 내수, 영해, 독점 경제구역, 러시아 대륙붕 및 천연자원을 보호한다.

47. 러시아연방 보안국의 힘과 수단은 국경 지역에서 러시아의 안보에 대한 위협에 따라 최적화되고 있다.

48. 필요한 경우, 해군과 연방보안국은 업무 수행에 있어 상호지원한다.

49. 국가 해양정책의 지역적 목표는 러시아연방과 세계 지역과 관련된 해양활동 영역에서 러시아연방의 영토와 해양의 물리-지리적, 경제-지리적, 지정학적, 군사-지리적 특성에 의해 결합되어 있다.

50. 러시아연방은 대서양, 북극, 태평양, 카스피해, 인도양 및 남극을 국가 해양정책의 주요 지역으로 정한다. 이 지역의 국가 해양정책은 특정한 기능을 기반으로 한다.

51. 대서양의 국가 해양정책은 기존 조건에 따라 북대서양조약기구를 대상으로 하며, 국제안보를 보장하기 위한 법적 메커니즘에 의해 결정된다.

52. 나토와 관련하여 군사 인프라를 국경으로 이동하고 전 세계에 기능을 부여하는 계획을 러시아연방은 받아들일 수 없는 것을 기반으로 한다.

53. 국가 해양정책의 기반은 지중해는 물론, 대서양, 발트해, 흑해 및 아조프해에서의 장기적 문제 해결에 있다.

54. 대서양에서
   a) 해당 영역에서 러시아연방의 충분한 해군력 조장
   b) 국제 해양국과의 협약에 따라 러시아 해양심층 해양물질에 대한 러시아 탐사 지역 내의 해운, 어업, 해양과학연구 및 모니터링의 양적 증가 및 개발

55. 발트해에서
   a) 항만 인프라의 개발, 선박의 항해, 수출 관심증대, 러시아연방의 칼리닌그라드 지역에 에너지 공급을 위한 해저 파이프 라인 시스템의 추가 개발
   b) 특화된 지역에서 해양운송개발, 경쟁 선박 건조
   c) 천연탄화수소 원료의 가공 및 운송을 위한 특수항구단지 조성은 물론 물류단지 건설
   d) 칼리닌그라드 지역의 수송 접근성 확보, 상트페테르부르크 항구로 페리선 운항 개발
   e) 러시아 해안과 유럽국가와의 도로, 철도, 페리 부두단지 개발
   f) 어업 단지, 어류 가공기업의 생산 수단 능력 현대화 및 건설

g) 조선, 선박 수리 및 선박 장비 생산을 위한 조건 생성

h) 매장된 화학물질, 잠재적으로 위험한 수중물체, 수중 파이프라인 상태 모니터링을 포함하여 포괄적인 과학적 연구수행

i) 주요 유럽 관광 루트, 크루즈 및 요트 관광 조직의 교차로에 위치한 해안의 관광 및 레크레이션 단지의 중요성 증가

j) 국가 당국과 지방 정부, 공공 단체 및 조직 간 상호작용을 기반으로 해양 자연, 문화, 역사적 유산 보존

k) 해양활동 분야에서 고등·중등 직업 교육 시스템 전문가의 훈련 수준 향상

l) 러시아 과학아카데미의 과학기관, 기술 플랫폼, 연구소 및 대학 내 과학 활동 부서를 기반으로 과학적이고 혁신적인 해양 센터 육성

m) 발트해 국가들과의 안정적인 경제 협력 기반 조성, 해양 천연자원의 합리적 이용, 전 해양활동 분야에 대한 신뢰구축 조성

n) 발트함대의 기초 시스템뿐만 아니라, 부대(군대) 발전

56. 흑해와 아조프 해에서 국가 해양정책의 기초는 러시아연방의 전략적 지위의 복원 가속화 및 포괄적 강화, 지역의 평화와 안정 유지이다.

57. 이러한 목적을 위해 다음을 제공해야 한다.

a) 국제 해양법 규범에 근거하여 러시아연방에 유리한 흑해의 국제법적 기반 설립, 해양생물 자원의 사용 절차, 탐사 및 운영, 해저 파이프 라인의 설치 및 운영

b) 케르치 해협 사용을 위한 체계와 절차에 관한 국제 법규

c) 흑해함대의 부대구성 및 개선, 크림 및 크라스노다르 해안에 기반 시설 개발

d) 경쟁력 있는 선박 건설, 선박의 항로(강-바다 연결) 재개발, 해안 항구 인프라 현대화 및 개발, 흑해에서 페리통항로 개발

e) 대규모 개발지역(크림-흑해-쿠반-아조프-돈)에서 해양 구성요소의 활성화에 기초하여 국가 및 지역 간 해양경제 센터 형성

f) 크림반도의 항만 및 연안 인프라의 개발을 고려하여, 에너지 지원의 수출 공급 성장이 예상됨에 따라 지역 항만 수용력 보장

g) 해저 파이프 라인을 포함한 수출 가스 수송 시스템의 추가 개발

h) 크림반도의 교통 접근성 보장, 크라스노다르 지역과 크림반도 간 페리 노선 개발

i) 국제 운송 이동통로 개발을 통해 지역 연안 수송 및 수송력 실현

j) 크림반도의 조선 및 선박 수리 기업의 역량을 고려하여 해당 지역의 조선 및 선박 수리 단지 개발, 해당 지역의 조선 기술의 현대화

k) 인위적인 활동으로 해양 생태계 상황 및 변화, 해안지역, 해저 파이프 라인 및 위험이 예상되는 수중물체를 모니터링하고, 해양기상학, 해양물리학 및 해양지진학적 현상 예측을 포함한 포괄적인 과학연구 수행

l) 지질 탐사 수행, 광물 매장량에 대한 이용 가능한 데이터 업데이트 및 경제적으

로 수익성 있는 매장의 안전한 개발

m) 이 지역에서 상업적 어류 양식개발

n) 관광 및 레크레이션 개발, 해양 리조트 센터를 위한 인프라 투자 확산으로 해양 리조트 개발, 개발 구역으로 고객의 관심을 보장하기 위한 해양교통량 증가, 크림 항구 및 아조프-흑해 해역을 지중해 크루즈 노선으로 연결, 국제적 규모의 복합 레크레이션 단지 개발

o) 국가와 지방 당국, 공공단체 및 조직의 상호 작용에 기초한 해양 자연, 문화, 역사적 유산 보존

p) 해양력의 구성 요소 기반 및 이용을 위한 지역 참여를 포함한 여건 보장, 흑해 및 아조프 해에서 러시아연방의 주권 및 국제적 권리 보장

58. 지중해에서

a) 지중해에서 군사-정치적 안정과 러시아의 연방의 우호국으로 변화시키기 위한 의도적인 과정 추구

b) 해당 지역에서 러시아연방의 영구적인 해군 활동 보장

c) 크림반도 및 크라스노다르 항만에서 지중해 해역 국가까지 유람선 운항 개발

59. 북극지역의 국가 해양정책은 러시아 함대가 대서양과 태평양으로 자유롭게 항해하는 것, 독점 경제구역과 러시아 대륙붕, 러시아연방의 지속 가능한 개발, 북양함대의 결정적 역할에 대한 북극항로의 중요성이 증대되는 것을 결정한다.

60. 이러한 목표에서 국가 해양정책의 기반은 다음과 같다.

a) 러시아의 국가안보에 대한 위협을 줄이고 북극 지역의 전략적 안정성 보장

b) 러시아 함대의 해군력 강화, 북양함대의 전력강화

c) 지질탐사를 포함하여 대륙붕의 천연자원 이용을 확대하여 러시아연방의 경제력 강화

d) 북극해, 북극해 수역 및 대서양 북부에서 러시아 함대, 러시아의 석유 및 가스 생산 및 가스운송회사의 활동 여건 보장

e) 해양 환경 보존, 생물자원 관리, 북극 보존, 탐사 및 개발에 대한 특권을 가진 북극 국가들의 이행을 촉진하여 이 지역의 지속 가능한 발전 보장의 권리와 의무

f) 러시아 북극항로개발, 항행개선, 해역에서의 항로 및 해양 기상 지원

g) 북극지역의 석유유출 방지, 이를 제거하기 위한 수색 및 구조 보장 시스템 개발

h) 에너지 절약 및 친환경적 기술 이용 촉진, 이 분야에서 과학적 연구 수행

i) 북극 해역의 연구 및 개발에서 러시아연방의 주요 지위 강화

61. 동시에 다음과 같은 장기 과제가 해결된다.

a) 해양 파이프 라인, 시추 플랫폼(탐사, 생산, 기술) 및 수중 및 빙하 어업 장비의 생산 및 운영, 독점 경제구역 및 육지 생물자원 및 광물 자원의 건설 및 운영,

연료 및 에너지를 포함한 천연자원의 탐사 및 개발

b) 러시아 국가이익을 고려한 국제법에 기초한 상호 합의에 의거 북극 선단을 포함한 북극 국가와의 적극적인 상호 작용 이행

c) 북극해에서 러시아연방 대륙붕 경계선의 법적 통합

d) 북극해의 해역과 해저를 구분하는 데 있어 러시아 석유 및 가스생산 및 운송회사의 이익 준수

e) 북극 해안지역 및 인접 수역의 경제발전을 위한 산업, 기술 및 과학 기반 형성

f) 원자력 기술 서비스를 위한 현대적인 기반을 조성하여 핵 쇄빙선 함대 건설 및 운항 안전 향상

g) 해상 인프라의 고정 자산 갱신, 쇄빙선 및 연구 차량 개발, 북극항해 선박 건조, 북극항구 네트워크 현대화, 해군 및 국경 인프라 시설 현대화

h) 러시아연방의 북극 대륙붕 개발 및 해안에 필요한 인프라 및 가공 기업 설립

i) 지질 탐사를 수행하고, 광물 매장량 이용 가능한 데이터를 업데이트하고, 러시아연방 북극해 대륙붕에서 경제적 수익성을 보장하는 천연자원 매장량의 안전한 개발

j) 카라해에서 어류 자원의 매장량을 평가하면서 북극 분지 중심부의 수산 생물 자원에 대한 연구 확대

k) 해양 산업의 협력 개발 뿐만 아니라 이 지역의 해양단지 개발 가속화

l) 해양 기상 관측 네트워크 개발 및 현대화

m) 스발바르 군도의 프란츠요제프 제도, 노바야지를랴, 브랑겔 섬에서의 해양활동 강화 및 다양성 강조

n) 해안지역, 수역 및 북극해 섬의 관광 및 레크레이션 이용, 주 당국과 지방 정부, 공공단체 및 단체 간 상호작용을 기반으로 해양 자연 및 문화, 역사적 유산 보존

o) 특수 교육기관을 기반으로 북극의 특정 조건 하에서 고등 및 중등 직업교육을 받은 전문가 훈련 지원 및 재교육 강화

p) 러시아의 관할권에 의거 북극해의 자연환경을 보호하기 위한 기술 개발

q) 지구 기후 변화에서 북극 분지의 역할과 장소를 고려하여 북극 해양 환경의 상태와 변화에 대한 포괄적인 과학적 연구 및 모니터링 수행

r) 노바야지믈랴 제도의 해저에 있는 핵 잠수함 및 핵 쇄빙선의 방사성 폐기물 및 원자로 폐기 장소의 상황 통제

s) 북극해 선박의 석유 및 가스 생산 플랫폼 직원의 의료 지원 발전

t) 북극 해안에 응급 구조 기지 설립

u) 바렌츠(Barents), 페초라(Pechora) 및 카라(Kara)海 가스 파이프 라인을 건설하고, 생산단지를 해안과 연결, 파이프 라인을 통한 국가의 통합 가스 운송 시스템과의 연결

v) 북극 상황에 대한 모니터링 시스템 개발

w) 주요 해양국가와의 양자·다자간 협정에 의거 합의된 지역에서의 외국 해군 활동 제한

x) 부대의 양적·질적 매개 변수의 축적을 보장하면서 부대(북양함대)의 기초 시스템은 물론 부대(군대) 발전

y) 영해, 경제수역 및 대륙붕의 범위를 측정하기 위해 러시아의 북극 해안을 따라 직선 기선의 명확화

62. 러시아에 대한 태평양 지역의 중요성은 증대되고 있다. 러시아 극동 지역은 특히 독점 경제구역과 대륙붕에 거대한 자원을 보유하고 있다. 그러나 산업으로 개발된 러시아연방 지역에서 인구가 적고 상대적으로 격차가 크다. 이러한 상황은 아시아-태평양 지역의 집중 개발과 지역의 경제, 인구통계, 군사 및 기타 프로세스에 큰 영향을 미친다.

63. 태평양 지역의 국가 해양정책의 주요한 구성요소는 중국과의 우호적 유대관계와 이 지역의 다른 주들과 긍정적인 상호작용을 구축하는 것이다.

64. 태평양 지역의 국가 해양정책 기반은 북극해 항구의 수역에 있는 북극의 동부에서 태평양의 북서쪽에 있는 일본, 오호츠크, 베링해에서 장기 과제를 해결하는 것이다.

65. 이 분야의 장기 목표는 다음과 같다.

a) 러시아의 국가안보에 대한 위협을 줄이고 지역의 전략적 안정성 보장

b) 연방 보안국의 부대와 수단은 물론 태평양 함대의 부대(군대)와 기반 시스템 발전으로 양적·질적 매개 증가

c) 해양활동으로 강화하고 해양 기반 시설을 개발하여 러시아의 타지역과 가장 발전된 러시아 시장으로부터 연안 지역의 경제 및 인프라 격차 극복

d) 주로 사할린(Sakhalin)과 쿠릴 섬(kuril Island)에 운송을 위해 경쟁력 있는 여객선 및 페리, 현대식 선박 건설

e) 극동 해역의 지질학적 지식증가, 탄화수소를 수송하기 위한 해저 파이프 라인 시스템 및 압축 가스 생산 및 압축 용량을 포함한 해안 기반 시설 설치, 대륙붕에서의 자연 자원 개발 활성화

f) 러시아 소비자에게 장기적인 가스 공급과 수출 공급 조직을 위한 신뢰할 수 있는 자원 기반 형성

g) 국가적, 지역적 중요한 항구를 포함한 주요 해상 운송 및 물류 허브의 조정개발, 극동 해역애소 정기적인 여객 해상 운송의 복원 및 개발을 통해 아시아-태평양 지역의 경제 공간으로의 지역 통합

h) 생물 자원 및 레크레이션 단지의 형성, 쿠릴 섬의 관광 및 리조트 개발

i) 국가 당국 및 지방 정부, 공공단체 및 조직 간의 상호 작용을 기반으로 해양

자연, 문화 및 역사적 유산 보존

j) 해양 생물 자원과 서식지에 대한 연구를 강화하고, 경제 분야에서 일자리를 증
대하는 동시에 해양 인구를 위한 편안한 생활환경 조성

k) 어류 및 해산물 가공 개발과 해양생물 제약, 식품 및 연료 산업을 위한 제품
생산, 농업-산업 단지 및 해양 농장을 위한 사료, 기술 제품 개발

l) 해양 크루즈 개발을 포함하여 건강 개선 및 레크레이션 관광 구역 형성

m) 해양 생물 자원을 최대한 활용하는 혁신적인 기술 도입, 선단 건조, 해양 생물
자원을 위한 신기술 개발, 어업 기술 및 혁신 센터 및 기술 공원 개발을 포함한
실험 및 생산 활동 개발

n) 인위적 활동의 영향 하에 극동 해양환경의 상태 및 오염에 대한 포괄적인 과학
적 연구와 모니터링을 수행하여 내수, 해안지역 및 해저 파이프 라인에 위협을
주는 해양기상, 해양물리학 및 지진학적 현상 예측

o) 자연재해(쓰나미, 화산폭발, 지진, 태풍 등) 동안 해안 지역 주민의 안전 보장

p) 합의된 지역에서 해군활동 제한에 관한 협약 결정

q) 항해의 안전보장, 불법 복제 방지, 마약 밀매, 밀수, 선박의 조난 지원 및 해상
에서의 인명구조를 위한 아시아-태평양 지역 국가들과의 협력 강화

r) 해당 지역의 기존 운송 인프라를 사용하여 동남아시아 및 미국에서 유럽 및 기
타 국가로의 운송화물을 시베리아 철도로 이끄는 효율을 증대시키고, 해당 지역
의 화물 운송 기반 개발의 극대화를 위한 조치 이행

s) 오호츠크 해에서 해양 탄화수소 해역에서 시운전, 해안 및 해저 파이프 라인 네
트워크를 통한 연결 보장

t) 태평양 해협 및 주요 해저 파이프 라인과의 인터페이스 하에 수중 통신 터널의
설계 및 건설

u) 태평양 지역 상황에 대한 모니터링 시스템 개발

66. 카스피해 지역은 광물 및 생물 자원 측면에서 개발에 대한 통합 접근 방식을 필요
로 하는 독특한 특성을 지니고 있다.

67. 이 지역에서 다음과 같은 장기 과제가 해결되고 있다.

a) 카스피해 해저의 러시아 구역과 과련 해안 운송 인프라에 현대 석유 및 가스
생산 부문을 형성하고, 환경 안전 요구 사항을 고려하여 지질 탐사 및 탐사 작
업을 수행하기 위해 러시아 회사를 유치하며 카스피해 해저의 러시아 구역에
해저 파이프 라인 수출 시스템 설치

b) 외국 경제 활동의 효율성을 높이고 해상 운송을 통해 국내외 시장에 상품 및
서비스를 공급하기 위한 목표, 규모, 방법 및 경로를 다양화하기 위해 항구 개
발, 현대화 및 운송량 증가

c) 함대 선박 구성의 변경, 특수함대 및 페리 건조

  d) 주로 철갑상어 어류의 해양 생물 자원의 보존 및 재생산에 대한 조치의 효율성 증대

  e) 인위적 활동 영역 하에서 포괄적인 과학적 연구를 수행하고, 카스피해의 생태계 상태 및 변화를 모니터링하고, 해안 지역 및 시추 플랫폼에 위협을 주는 위험한 해양기상학, 해양물리학 및 지진학적 현상 예측

  f) 해양 기상 분야의 카스피해 지역 국가들고의 협력 개발 및 카스피해의 해양환경 모니터링, 해안 지역 인구의 주거환경 안전 보장

  g) 볼가-카스피해 어업 지역 생태계에 대한 인위적 양향의 현저한 감소

  h) 카스피해 크루즈 라인의 조직, 해변 관광 클러스터 및 생태 유형의 개발을 위한 관광 분야의 국가 간 협력

  i) 국가 당국과 지방 정부, 공공단체 및 조직 간 상호 작용을 기반으로 해양 자연, 문화 및 역사적 유산의 보존

  j) 해양 활동 분야에서 전문 인력의 유출 방지

  k) 러시아연방에 유리한 카스피해의 국제법적 체계, 어류 이용 절차, 석유 및 가스 탄화수소 탐사 및 획득 절차, 해저 파이프 라인 설치 및 운영

  l) 카스피해 소함대의 기반 시스템은 물론, 부대(군대) 발전

68. 인도양 지역에서 국가 해양정책의 주요한 목적은 인도와 우호적인 관계를 발전시키는 것이며, 국가 해양정책은 이 지역의 다른 주들과 상호작용을 구축하는 것을 목표로 한다.

69. 인도양 지역에 대한 국가 해양정책은 다음과 같은 장기 목표를 포함한다.

  a) 러시아 해운의 확장, 근해 탄화수속 탐사 및 해저 파이프 라인 건설을 위한 타 국가와의 공동 활동

  b) 對해적 활동을 포함하여 해상 활동의 안전을 보장하기 위해 인도양에서 러시아연방의 해군 활동을 보장하면서 평화, 안정 및 우호 지역으로의 변화 추구

  c) 지역 내 러시아연방의 입장을 보존하고 통합하기 위해 해양 과학연구 수행

70. 남극 대륙에는 엄청난 해양 자원이 있다. 러시아는 이 지역의 평화와 안정을 유지하고 광범위한 과학활동을 수행하기 위한 조건을 유지하는 데 관심이 있다.

71. 남극 지역에서 남극 조약의 당사국 중 하나인 러시아연방의 존재는 남극 대륙 이용과 관련하여 국제 문제 해결 기여에 적극적으로 참여한다.

72. 남극 지역에서 국가 해양정책은 다음과 같은 장기 과제 해결책을 제공한다.

  a) 남극에 러시아연방의 지위를 유지하고 확대하기 위해 남극 조약 시스템이 제공한 메커니즘과 절차의 효과적인 이용

  b) 남극 조약 시스템의 보존과 진보적 발전에 대한 포괄적인 지원

c) 평화, 안정 및 협력 구역으로서 남극 대륙의 보존, 국제적 긴장 지역 발생 및 세계적인 자연 및 기후 위협 예방

d) 지구 기후 과정에서의 역할과 지위를 고려하여 남극 대륙에서 과학연구 개발

e) 남극 대륙에서의 러시아 활동에 대한 해양기상, 항법 및 지리-물리 정보 제공

f) 남극 대륙에서 연구 개발을 위한 과학 탐사선과 연구선 건조 보장

g) 경제적 어업을 보장하기 위한 상태 예측 연구에 근거한 남극 해양 생물 자원 평가

h) 남극 대륙의 해양 생물 자원을 이용하여 러시아의 경제력 강화

i) 남극 대륙과 해양 광물 및 탄화수소 자원에 대한 과학적 및 물리학적 연구 수행

j) 지구 원격 감지, 통신 및 항법을 위한 위성 시스템 개발, 글로나스(GLONASS) 시스템을 위한 지상 지원 시스템 확장 및 현대화

k) 남극 자연 환경의 보호

l) 남극 지역에 있는 러시아연방 원정대의 현대화, 재편성 및 원정대의 수송 지원

## Ⅳ. 국가의 해양정책 이행보장

73. 해양 독트린 조항의 실질적인 이행을 위해 해양조선의 기술적 기반을 만들고, 조선 및 관련 산업에서 우수한 일자리 보존 및 증가로 인한 사회적 영향력을 높인다.

74. 국내 조선의 개발 수준은 국내 및 해외 시장에서 경쟁력 있는 지위를 달성함으로써 현대 조선 및 선박 상품의 국가 및 비즈니스 커뮤니티의 요구를 완전히 충족시킬 수 있는 능력을 보장해야 한다.

75. 국가 해양정책은 군함 및 민간 조선 분야와 과학기술 및 해양기술 개발 분야에서 국내 조선산업의 개발을 목표로 한다.

76. 조선산업의 품질, 생산 효율성 및 국가 조선산업의 투자력에서 선진국 수준을 달성하기 위해 국가는 러시아의 국제기구 참여 요건을 고려하여 주요 해양 국가의 법적 관행을 준수해야 하는 이행 시스템을 적극 시행하고 있다.

77. 국가 조선산업 분야의 국가 해양정책의 주요 목표는 다음과 같다.
   a) 국내 조선소에서 군함, 민간 해양장비 및 선박건조를 국내생산의 주요구성요소로 채택
   b) 국가 조선소에서 해양 장비의 국내 소비 주문량 촉진

78. 이 분야에서 국가의 해양정책의 목표를 달성하기 위해 다음과 같은 장기 과제를 해결해야 한다.
   a) 대규모 연구 및 생산구조 형성 및 개발에 기반한 조선산업 단지 개선
   b) 전략적으로 중요한 조선산업 조직에 대한 국가 통제력 유지
   c) 국가 군비 프로그램에 의거 조선 및 해군의 기술 분야에서 러시아의 기술적 독

립보장

d) 선박 설계 및 건조의 최첨단 방식을 도입하여 민간 조선 부문의 기존 기술 지연 극복

e) 조선, 과학, 기술, 생산 및 기술 기반의 질적 업데이트를 가능케하는 혁신 및 투자 활동의 활성화

f) 러시아의 해양력의 군사 구성 요소 개발을 위한 무기, 군사 및 특수 장비의 최첨단 시스템 및 모델 개발 및 생산을 보장하는 기술의 우선순위 형성

g) 기술혁신 또는 첨단과학기술 보유에 기여할 뿐만 아니라, 서비스 및 첨단무기 및 해군 장비 생산 및 수리를 보장하는 군사 및 민간 주요기술 개발 및 구현

h) 러시아연방의 해양력 군사 구성요소 개발을 위한 방산의 질적 향상, 군사무장 및 특수 장비의 첨단 시스템 및 모델의 개발 및 생산

i) 해군 및 연방 보안국에 선박, 무기 및 특수 해군 장비 효율적 배치와 조선산업 발전을 위한 시스템 개선

j) 조선 분야의 연방 수요를 위한 제품 공급, 작업을 수행하고 서비스를 제공하기 위한 주문 메커니즘 개선

k) 효과적인 기능을 보장하는 조직 및 경제적 메커니즘을 도입 조선 및 선박 수리소 개선

l) 조선소 건설 및 생산 프로그램 계획에 대한 연방 집행 당국의 참여와 새로운 선박 인수 및 해운사 개발

m) 국내 부품을 포함하여 수명주기의 모든 단계에서 조선, 해군무장 및 특수장비의 운영을 위한 원자재 지원 시스템 개선

n) 핵 쇄빙선 건조 및 운영에서 세계적 선두주자 유지

o) 핵 발전소를 갖춘 쇄빙선 및 북극 수송선 건조 및 운영을 위한 국가 예산 지원 및 국가적 지원, 특수시스템 개발

p) 연구용 함정 및 해양 과학기지 건설 추진

q) 허용 가능한 자연환경 조건의 범위를 확대하기 위해 선박의 질적 개선 분야에서 과학적 연구 수행

r) 해상 선박에서 석유 또는 함정 연료 생산까지 첨단 플랫폼 개발

s) 연중 운항이 가능한 여객선 건조, 운송의 수익성 보장 및 국내 선박 장비 경쟁력 향상

t) 해양 장비의 개발, 생산 및 수리에 있어 국가 간 협력 시스템 개선

79. 해양 인력 활동, 해양 훈련 및 교육은 해양 활동 효율성을 향상시키기 위해 중요한 역할을 한다. 모든 분야의 자격수준을 갖추도록 인력을 훈련시키고 유치 및 유지하며, 전문성, 해양 전통 및 국가의 해양사에 대한 이해를 증대시키고, 국가 해양정책, 해양활동 및 사회 해상 서비스를 긍정적으로 촉진하고 지원하는 데 기여

한다.

80. 해양 활동, 해양 훈련 및 교육에 대한 인력 지원 개발은 다음과 같은 장기 과제의 해결을 제공한다.

   a) 해양 활동 관리 및 지원에서 선박에 관한 유자격 인력을 확보하고 유지하기 위한 러시아 함대의 여건 조성

   b) 모든 유형의 해양 활동을 전문으로 하는 전문적·심리적 선택 및 교육 시스템의 전반적 개선

   c) 전문 과학직원을 갖춘 해양과학기관을 모집하고, 전문적 해양 활동 교육 및 해양 과학 기관 육성, 해양 전문 기관의 교육 시스템 개선

   d) 선박의 의료 및 심리적 재활 시스템 개선, 질병 예방 및 생활환경 개선

   e) 해양활동 분야의 연방 정부기관 및 지방 정부기관의 훈련 및 관련 직원 교육체계 개선

   f) 러시아 해양 교육기관의 전통을 보존·강화하고, 해양청소년학교 및 선박 간 네트워크를 확장하고, 러시아 함대에서 젊은이들을 위한 서비스 확대

   g) 해양 교육기관에 기초하여 중·고등 직업교육을 받은 전문가의 훈련, 재훈련 및 고등훈련 수행

   h) 해양 문화 유산 및 러시아 해양 전통 보존

   i) 해양 교육기관의 훈련선, 부품, 기술 토대 마련, 훈련선 유지 및 운영에 대한 국가지원

   j) 외국 및 러시아 선원의 사회보장에 대한 고용 근로 개선, 선원 노동조합, 고용주 및 선주협회와의 상호작용 개선

   k) 해양 단지 인력에 대한 관리 원칙의 이해

81. 해양활동으로 해양환경의 특성 및 자연적·인공적 환경과 관련된 안전을 보장하기 위해 효과적인 조치를 행한다.

82. 해양안전에는 해상항법, 수색 및 구조, 해양 인프라 시설 및 인근 수역의 안전, 해양환경의 보호 및 보존이 포함된다.

   a) 러시아 국가안보를 위해 국가 관할 구역과 세계 해양의 다른 지역에서 수로, 측량, 해양기상학, 해양의학의 연구 수행

   b) 수로 지원기능 보장, 명확한 목표 보장, 시공간적 측면에서 행동의 일관성 보장

   c) 위험한 해양기상 정보(폭풍, 풍랑, 해일, 결빙 등), 해양환경 변화 및 기타 정보에 대한 러시아 기관에 신속한 전달하여 항해 안전보장

   d) 첨단 기술에 기반한 러시아연방의 해도 제작

   e) 항법 및 전자지도, 간행물 및 매뉴얼 수집에 대한 최신 요구사항의 지속 유지 및 관리

f ) 연방 집행기관과의 상호협력을 통한 시스템, 수로 및 해양기상 지원 및 개발

g ) 해상조난 및 안전시스템 내에서 해양기상 및 정보 제공을 위한 국제적 의무이행

h ) 선박의 기술적 조건 및 적합성, 선박 장비 및 선원, 그리고 관련 시설 직원 지원, 교육자격인증에 관한 국가통제

i ) 해양에서의 통합 전자 항법 및 제어시스템 구축

j ) 글로나스(GLONASS) 위성항법장치에 의한 선박 이동을 위한 연안 통제시스템 개발

k ) 해양활동을 위한 의료지원시스템 개발

83. 해상 수색구조를 위해 다음사항이 필요하다.

a ) 러시아의 영해에서 해상 수색구조 지원의 집행기관의 관할 하에 수색구조 시스템 개선

b ) 해상 구조 전문가 훈련 및 수색구조 장비를 인증하고, 국가 해양정책의 전 영역에서 다이빙 사업 개발을 포함한 다양한 유형의 수색구조활동 허가를 위한 시스템 통일

c ) 러시아 선박의 위치를 모니터링 및 제어하고 세계 해양의 상황을 관찰하고, 러시아 영해의 외국 선박 위치 데이터를 제공하는 국가와의 글로벌 자동화 시스템 구축

d ) 구조대와 지원함대 승조원의 신속한 개선 보장

e ) 심해 로봇 수색구조 시스템 개발 및 비상 서비스 구비

f ) 해상인명구조에 관한 국제협력 개발

84. 해양 인프라 시설 및 인접 수역의 안전을 보장해야 한다.

a ) 모든 형태의 소유권을 가진 공공기관과 조직활동에 관한 권한과 책임 보장

b ) 해양상황(수상·수중·대기)의 자동화 보안시스템 구비, 테러 대응(능동적·수동적) 및 파괴수단을 감시하기 위한 통합 시스템 구비

c ) 방해 및 테러 행위, 기타 불법 행위의 탐지, 예방 및 억제

85. 해양환경의 보존과 보호가 이루어진다.

a ) 해양환경을 모니터링하고, 오염 결과를 예방·제거하기 위한 전반적 조치

b ) 폐기물 수집 및 처리를 위한 항만 시설의 탐사, 생산 및 운송, 수용시설의 건설 및 재건 시 기름 유출 방지를 위한 조치 이행

c ) 해양 환경오염 방지·제거·보호를 위해 러시아 함대를 특수선박으로 보강하고 수중작업 등 특수목적을 위한 장비 조달 및 설치

d ) 핵함대 인프라 개발, 안전운영 통제시스템 개발, 핵선박 및 핵폐기물 처리 기술 개선

e ) 러시아 내수 및 영해에 위치한 수중 시설의 비상사태 예방

f) 국제협력을 포함하여 비상사태를 대처하기 위한 러시아의 국제적 의무 이해

g) 해저에서 탄화수소와 세계 해양 생물자원을 보존, 재생산 및 문제해결

86. 해양활동에 대한 정보 지원은 국가 해양정책 영역에서 세계 및 지역의 해양자원 연구·개발·사용에 대한 의사결정을 위한 기초가 된다.

87. 해양활동에 대한 정보 지원은 해양 물체 상태에 관한 정보를 포함하여 해양환경, 해안지역 및 우주항공 정보를 포함하여 세계 해양 상황과 함께 적시적인 해양활동의 정보 제공을 구성한다.

88. 해양활동에 대한 정보 지원은 통신정보시스템, 수중환경시스템을 포함하여 글로벌 정보 시스템의 유지 보수 및 개발을 제공한다.

89. 글로벌 정보시스템 개발은 해양활동 분야에서 단일 정보 공간의 형성과 유지를 목표로 하며 다음과 같은 사항을 포함한다.

   a) 세계 해양 상황에 관한 정보를 수집, 처리, 제공, 전파하기 위한 수단 및 기술의 개선

   b) 지구의 원격 탐사, 항법, 통신 및 관측, 러시아 해역 및 세계 해양의 주요 지역 현황 및 오염 모니터링을 위한 우주시스템 이용을 포함한 데이터 수집 기능 구축

   c) 세계 해양의 상황에 관한 부서 및 기타 정보 시스템의 통합 및 합리적 이용 보장

   d) 세계 해양에서 선박 의료 상담을 위한 원격 의료 채널을 포함하여 최적 통신 채널 및 고성능 데이터 처리 센터 설립

   e) 국내외 표준 상호작용 및 상호운용성에 근거 유사한 외국 시스템과 정보의 규제 보장

   f) 정보의 접근을 포함하여 세계 해양 상황에 관한 정보수집, 교환, 처리, 제공을 위해 필요한 수준의 정보 보안 보장

   g) 서비스 시설 및 기술의 창출, 정보시스템 상태를 모니터링하여 중단없는 운영 보장

90. 항해, 수로, 해양기상학, 환경보호, 수색구조, 기타 유형의 정보 지원 및 정보시스템 수단은 해양활동에 대한 정보 지원의 일반 인프라에 통합하고 그 기반으로 개발되어야 한다.

91. 해양활동의 정보 지원을 개선하기 위한 조치는 러시아연방 정부의 중앙 통제 하에서 세계 해양 상황에 대한 정보시스템 개발에 기초하여 함께 수행한다.

## V. 해양활동의 국가 관리

92. 해양활동의 국가 관리는 러시아연방의 해양활동에 대한 국가 관리 분야 법령에 따

라 국가 해양정책을 이행하기 위해 수행한다.

93. 러시아 대통령은 단·장기적 국가 해양정책의 우선순위 과제를 결정하고 헌법에 따라 세계 해양에서 러시아의 주권을 보장하기 위해 해상활동 분야에서 개인, 사회 및 국가의 이익을 보호하고 이행하기 위한 조치를 취한다.

94. 헌법 자문기구인 러시아 안전보장 이사회는 위협을 식별하고, 사회와 국가의 주요 관심사를 결정하며, 세계 해양에서 러시아의 국가안보를 보장하기 위한 전략 목표를 개발한다.

95. 러시아연방 헌법은 제도적 틀 내에서 국가 해양정책 이행과 해양활동 이행을 위한 입법적 지원을 제공한다.

96. 러시아 정부는 해양위원회를 통해 해양 활동 분야에서 국가 관리를 수행하고 국가 해양정책 과제의 이행을 보장하며 전략계획문서에서 포괄적인 지원 절차를 결정한다.

97. 러시아연방 집행 당국은 러시아 해양기관의 집행부서와 상호 연합 및 협력하여 해양활동에 대한 국가 관리를 수행하며 국가 해양정책의 기능 및 지역에서의 활동을 보장한다.

98. 러시아연방 정부의 해양 콜레지움은 해양활동, 조선 및 해양기술 개발 분야뿐만 아니라 세계 해양 연구 및 개발 분야의 조직을 보장하는 영구 조정 기관이다.

99. 러시아연방 해양국의 해양위원회는 연방 행정기관, 집행기관 및 해양활동 분야에서의 조직 조정에 기여하는 자문기구이다.

100. 국가 해양정책 이행의 효과적인 모니터링은 '2020년까지 러시아연방 해양활동 전략목표 이행'에 대한 러시아연방 국가안보의 연례 종합평가에 근거하여 수행된다.

101. 해양활동 분야에서 러시아연방의 국가안보에 대한 연례 종합평가 결과에 대한 러시아연방 대통령 보고서는 다음과 같은 기준에 따라 러시아연방 정부가 작성한다.
    a) 국가 해양정책의 장단기 목표의 이행 정도
    b) 세계 해양에 대한 국익을 위한 러시아연방 해양력, 독점적 경제권 및 대륙붕에 관한 주권 실현
    c) 타 군대, 군사 조직 및 기구와 협력하여 세계 해양에 대한 러시아연방의 국익을 보장하고 필요시 해양과 해양으로부터 침략을 막는 러시아 해양력의 군사 능력

# VI. 결론

러시아연방은 해양 독트린에 기초하여 세계 해양에서의 지위를 일관성있게 강화한다.

해양 독트린 조항 이행은 국가의 진보적 발전에 기여하고 세계 해양에서 국가 이익을 보장하며 국제적으로 해양력 지위와 권한을 유지하며 향상시킬 것이다.

2015년 7월 27일

■ 2030년까지 러시아연방 해군활동분야 기본정책/러시아연방
대통령령 제327호(2017.7.20.)

## УКАЗ
### ПРЕЗИДЕНТА РОССИЙСКОЙ ФЕДЕРАЦИИ

**Об утверждении Основ государственной политики
Российской Федерации в области военно-морской
деятельности на период до 2030 года**

В целях обеспечения реализации государственной политики
Российской Федерации в области военно-морской деятельности
п о с т а н о в л я ю:
　　1. Утвердить прилагаемые Основы государственной политики
Российской Федерации в области военно-морской деятельности на
период до 2030 года.
　　2. Правительству Российской Федерации обеспечить
реализацию Основ государственной политики Российской Федерации
в области военно-морской деятельности на период до 2030 года.
　　3. Признать утратившими силу Основы государственной
политики Российской Федерации в области военно-морской
деятельности на период до 2020 года, утвержденные Президентом
Российской Федерации 29 мая 2012 г. № Пр-1459.
　　4. Настоящий Указ вступает в силу со дня его подписания.

Президент
Российской Федерации　　В.Путин

Москва, Кремль
20 июля 2017 года
№ 327

〈그림1〉 러시아연방 대통령령 제327호(2017.7.20.), 「2030년 러시아연방 해군활동분야 기본정책」

□ **주요내용**
- 구성 : 러시아연방의 전략계획 문서, 총 55개 조항
- 목적 : 전 세계 해양에서 러시아연방의 국익보호, 세계 제2위의 해군력 건설 추진
- 요지 : 러시아연방 해군활동 기본정책의 목표, 과제, 중점방향, 수행체계 규정,
　　　　해군력 역할 등
- 시행 : 러시아연방 대통령령 제327호(2017.7.20.)
- * 대통령령 1459호(2012.5.29.)로 승인된 「2020년까지 러시아연방 해군활동분야 기본정책」 효력 중지

**내용전문**

# I. 개요

1. 2030년까지 러시아연방 해군 활동 기본정책의 목표, 과제, 중점방향과 체계가 규정된다. 해군과 러시아연방 해양력 중 연방 기관의 군사적 요소로서 능력과 수단이 그러하다.

2. 러시아연방 해군의 기본정책은 공동으로 계획되고 통합되었으며, 세계 해양에서 러시아연방의 국익 보호 및 구현을 목적으로 한다.

3. 이러한 정책의 법적 기반은 러시아연방 헌법, 국제법상 관례 및 규범, 러시아연방이 체결한 조약, 헌법적 성격의 연방법, (일반)연방법, 러시아연방 대통령 및 행정부 명령이다.

4. 본 기본정책은 러시아연방의 전략계획문서이다.

5. 본 기본정책은 러시아연방 국가안보전략, 군사독트린, 해양독트린, 군사분야 기타 전략계획문서와 대외정책 개념의 각 항목에서 구체화된다.

6. 해군 활동이란 러시아연방의 확고한 발전과 국익의 우선순위를 구현하기 위해 세계 해양에서 군사적인 방법으로 유리한 조건을 형성하고 유지하는 목적 지향적인 국가 활동이다.

7. 해군 활동은 러시아연방에 대한 공격의 예방과 국익을 구현할 목적으로 세계 해양에서 수행되는 국가 군사행동의 일부이다.

8. 러시아연방이 예전처럼 해양 초강대국의 지위를 유지하며, 전 세계 해양 어디서나 국익을 보장하고 지킬 수 있게 하는 해양력은 국제적 안정과 전략적 억제의 중요한 요소이다. 또한 국제 해양 활동의 동등한 일원으로서 독자적인 국가 해양정책을 수행할 수 있게 한다.

9. 러시아 해군과 연방 안보기관이 해군 활동을 수행한다.

10. 러시아연방 외무부는 해군활동시 참여한다. 외무부는 세계 해양에서 러시아연방 해군의 진출과 러시아연방 깃발의 현시와 관련된 기본적인 대외정책 방향의 일부를 확정하고, 러시아연방의 대외정책 우선순위와 국제환경에 부합하도록 국제 군사협력을 조정한다.

11. 러시아연방 행정부, 기타 연방기관은 권한과 위임된 범위 안에서 해군활동을 수행한다.

12. 러시아연방 군으로서 러시아 해군은 세계 해양에서 러시아연방과 동맹국의 국익을 수호하고, 세계적·지역적 수준에서 정치·군사적 안정을 유지하며 러시아연방에 대한 대양과 바다로부터의 공격을 격퇴하는 임무가 부여된다.

13. 러시아 해군은 러시아연방의 해양 활동의 안전을 보장하기 위해 필요한 조건을 창출하고 유지하며 세계 해양에 해군의 진출, 러시아연방 깃발의 현시, 국가의 군사력을 보장하며 대해적 작전과 러시아연방의 이익에 부합하는 국제 사회의 군사·평화유지·인권보호 활동에 참여한다. 또한 해군 함정은 러시아연방의 안보를 위해 외국 항구에 기항하고 대잠수함 및 잠수함 격멸작전을 포함한 활동을 통해 수중에서 러시아연방의 국경을 보호한다.

14. 연방 안보기관은 러시아연방의 국경정책의 기본과제를 이행하고 러시아연방의 국경지역 및 배타적 경제수역, 대륙붕에서 러시아연방의 경제와 기타 법적 이익을 수호한다.

15. 연방 안보기관은 국경 관련 국가안보 분야에서 러시아연방의 국제조약 이해에 참여하고 러시아연방의 접속수역, 영해, 배타적 경제수역, 대륙붕과 그 천연자원을 보호하는 행정부 연방기관의 활동을 조정한다.

16. 연방 안보기관의 전력구성과 장비는 국경에서 위협에 대응하도록 최적화된다.

17. 러시아 해군과 연방 안보기관은 주어진 임무 수행을 위해 상호 협조한다.

## Ⅱ. 러시아연방의 안보에 대한 군사적 위험과 위협

18. 장기적으로 전 세계와 러시아연방에 있어 해양은 천연자원의 고갈, 경계와 기타 분야의 협력, 기후변화, 이민과 다른 변화와 관련되어 그 의미가 점점 더 중요해질 것이다.

19. 현재 인류는 대륙붕과 해저에서 경제활동을 하고 연구를 진행하며, 그 자원을 산업에 이용하는 단계에 와 있다.

20. 최근 국가 간에 해양 천연자원의 확보 경쟁이 치열해지고, 전략적으로 중요한 해상 물류에 대한 국가통제 노력이 강화되었다.

21. 강력한 해군력을 보유하고 해군력의 전개 능력이 발전된 세계 주요 강대국은 러시아 영토와 직접 맞닿아 있는 해역을 포함한 세계 주요 해양에 해군의 파견을 지속 확장한다.

22. 세계에서 정치·군사적 영향력을 유지하고 국익을 보호하기 위해 러시아연방은 국제법의 원칙과 규범을 준수하면서 세계 해양에 해군을 파견할 당연한 권리를 행사

한다.

23. 2030년까지 국제관계가 복잡해지고 초국가적 테러조직의 활동이 활발해지는 가운데, 전 세계적으로 경쟁의 격화, 세계의 세력 중심 간의 각축 및 정치·경제적 과정의 불안정성으로 특징지어지는 불안정한 정치·군사적 상황이 예견된다.

24. 세계 해양에서 러시아연방의 안보에 대한 위험과 위협이 현존하며, 새로운 위험과 위협이 등장할 것이다. 이들은 다음과 같다.

    a) 일련의 국가들 특히 미국과 그 동맹국이 극지방을 포함 세계 해양에서 주도권을 확보하고 해군력의 확고한 우위를 달성하려는 노력

    b) 러시아연방 연안지역 영토와 그에 속한 해역에 대한 외국의 영유권 주장

    c) 강력한 해군력을 보유하는 국가의 증가

    d) 대량살상무기 및 미사일 기술의 확산

    e) 일련의 국가들의 세계 해양자원에 대한 접근 및 중요 해상교통로 이용 제한

    f) 세계 해양에서 러시아연방 해양활동의 효율성을 저하시키고, 역사적으로 러시아의 교통로였던 북극항로에 대한 통제력을 약화시키기 위한 경제·정치·국제법·군사적 압박

    g) 국제 테러리즘, 해적행위, 영해침범, 해상을 통한 불법 무기·마약·향정신성 물질과 화학·방사성 물질로 운송

    h) 러시아연방에게 전략적 의미가 있는 영토와 세계 해양으로의 출구가 속해있는 국가에 군사적 분쟁 내재 및 확대

25. 세계 해양에서 국제적 환경의 부정적 변화를 고려 시 러시아연방에 대한 직접적 군사적 위험이 등장할 가능성이 높다. 예를 들어,

    a) (국제관계에서) 정치·군사적 환경의 급격한 악화와 러시아연방의 국익 보호하기 위해 전략적 의미가 있는 세계 해양 지역에서 군사력 사용을 위한 조건의 형성

    b) 러시아 영토에 인접한 해역에 재래식 정밀 전략무기의 전개(증가)

    c) 유엔헌장과 기타 국제 규범에 반하면서 러시아의 국익을 위협하는 타국의 군사력 사용

26. 국제적 의무와 관련하여 러시아연방은 국익 보호를 위해 전략적으로 중요한 세계 해양자역을 지정하고, 이 지역에 해군을 상시 또는 주기적으로 파견한다.

27. 다음 위험에 따라 전략적으로 중요한 세계 해양지역에 해군 파견의 필요성이 결정된다.

    a) 극동지역, 북극, 카스피해에서 천연자원 매장지 확보를 위한 다수 국가 노력

    b) 시리아·이라크·아프가니스탄의 상황과 극동, 중동, 남아시아 및 아프리카에서

　　벌어지는 분쟁이 국제 정세에 미치는 부정적 영향

　c) 세계 해양에서 발생하는 국제분쟁의 격화 및 새로운 분쟁의 발생 가능성

　d) 기니만, 인도 및 태평양 해역에서 해적활동의 증가

　e) 세계 해양에서 러시아연방의 경제·연구 활동 수행 시 타국의 방해 가능성

# Ⅲ. 해군활동 기본정책의 목적, 과제 및 우선순위

28. 해군활동 기본정책의 주요 목적은 아래와 같다.

　a) 대양 및 해상으로부터 가해지는 러시아연방에 대한 공격 격퇴와 잠재적인 적에게 심대한 손실을 입힐 수 있는 능력을 보장하는 수준으로 해군력 유지

　b) 러시아연방의 정책활동 수단의 하나로서 해군의 효과적 활용을 통한 전략적 안정과 세계 해양에서의 국제법적 질서 유지

　c) 국가 경제·사회 발전을 목적으로 세계 해양의 천연자원 확보 및 합리적 이용을 위한 유리한 조건 보장

29. 해군활동 기본정책의 주요 과제는 아래와 같다.

　a) 국방 및 안보 분야 : 군사 분쟁의 억제·예방과 국제법에 따라 러시아연방과 그 동맹을 군사적으로 보호할 수 있도록 상비

　　- 세계 해양에서 러시아연방에 대한 공격 위협수준 감소와 예방을 위해 정치, 외교, 법, 군사, 경제, 정보 및 기타 수단을 복합적으로 개발하고 사용함으로써 세계 해양에서 러시아 국가안전을 보장할 수 있는 체계 발전

　　- 세계 해양에서 해상교통로 기능을 위한 통제권 보장

　　- 해저를 포함한 바다에서 러시아연방 국경 방어·보호의 효율성 향상 및 러시아연방의 배타적 경제수역과 대륙붕에서 주권과 관할권 보장

　　- 러시아연방 방위산업이 체계화되고 통합된 구조로 발전하며, 연구개발, 생산, 후속지원을 포함해 러시아 해군과 연방 안보기관이 현대적인 무기와 군사·특수 장비를 갖추도록 하고 함정 건조와 무장 분야에서 신기술과 연구의 정착 진전

　　- 해군과 연방 안보기관 전력의 파견 조직과 체계 보완

　　- 해군·연방 안보기관 전력의 동원 및 동원 준비를 보장하기 위해, 소유권과는 별개로 연방 행정부와 러시아연방주체의 행정기관, 기업·해양활동 주체의 활동을 규정하는 법적 성격의 프로그램화된 계획 문서 연구

　　- 해군활동의 효과적인 수행을 보장하는 수준으로 과학기술··산업·인적 잠재력 유지

　　- 러시아 해양 전통 및 유산과 관련하여 러시아연방 시민에 대한 애군·애국심 교육체계 발전, 해군 복무의 자긍심을 높이는 각종 조치의 종합적 시행

- 다양한 국제행사(심포지엄, 컨퍼런스, 포럼, 세미나)에서 해군활동 분야 러시아연방 국익의 추구
- 세계 해양의 전략적 요충지에서 해군 전력의 이동(외국 항구기항, 방문 및 국제 해군협력 행사)을 포함해 러시아연방 해군활동을 언론매체를 통해 상시적으로 보도

b) 국가 및 사회 안보 분야
- 러시아연방 국경, 변경지역, 배타적 경제수역, 대륙붕 및 카스피해, 아조프해 해역에서 러시아연방의 국제조약과 관련된 법적 체계 유지
- 해상 국경 해역에 첨단 다목적 국경수비대 장비와 체계를 배치함으로써 안전보장, 국경보호 활동의 효율성 향상, 부처 간 협업 및 국제 국경업무 협업 보완
- 대통령령을 근거로 세계 해양 및 해안지역에서 자연·인공적 성격의 비상 상황의 예방과 대처를 위한 활동에 해군전력 투입
- 테러활동, 종교적 급진주의, 기타 형태의 극단주의 기타 인권 및 시민의 자유에 대한 침해행위, 세계 해양에서 러시아 국민과 그 소유물에 대한 위법행위의 적발, 예방·차단 조치의 보완, 위 분야에 대한 국제협력 확대
- 국제테러리즘, 해적행위, 불법이민, 마약·향정신성물질·화학·방사성 물질 및 불법무기의 해상 운송에 대처하기 위해 상업 항행의 조정과 통제 강화

c) 경제 분야
- 국제적 권리의 원치과 규범과 관련하여 세계 해양과 해역, 에너지·연료, 생물학적 자원에 대한 러시아연방의 접근권 보장과 러시아연방과 동맹국에 대한 개별정부 또는 정치·군사적 연합체의 차별적 조치의 배격
- 세계 해양에서 러시아연방의 경제활동의 안전을 보장하기 위해 해군전력 및 연방 안보기관 자원의 투입
- 해군용 핵심 무장의 연구개발 및 생산 과정을 과학·산업적 기반으로 연결
- 러시아연방 산업생산의 현대화 및 생산기술 기반의 최신화를 위한 조선 체계 발전
- 세계 해양에서 해군기지 지역의 경제발전 및 기본 운송, 에너지, 정보, 군 인프라 구축 관련 전략과제 수행을 위해 정부-민간 간 협력의 활용 확대
- 북극지방과 극동지역에서 민간 선박과 해군 및 연방 안보기관의 함정·선박 정박을 위한 이중 목적의 인프라 건설

d) 대외정책 활동 분야
- 세계 해양 중 전략적 요충지에서 러시아연방 해군의 활동, 러시아연방 및 러시아 군 깃발의 현시 보장
- 해군 함정 및 선박의 외국 항구 또는 공식방문 지역 확대

e) 과학, 기술, 교육 분야

- 러시아 해군과 연방 안보기관 전력의 필수 전투력 확보를 위해 과학 기술 기초·응용 분야, 전문가 교육·훈련체계의 발전
- 해양 활동의 지속적 발전을 위해 세계 해양에 대한 학술적 연구의 이행, 세계 해양 이용의 정치·군사·기타 측면의 평가
- 신화 및 과학적 기법의 보장

f ) 환경 안전 및 관리 분야

- 군함, 선박, 무기, 군사 및 특수 장비에 대한 친환경적인 재생 에너지원을 찾기 위한 조건의 생성과 민간 경제분야에서 이러한 경제에너지원의 최종 사용;
- 해군 활동을 지원하는 군함 및 선박, 무기 및 인프라 시설의 평시에운영에서 천연자원의 환경 안전과 합리적인 사용 보장;

g ) 전략적 안정성의 분야에서:

- 세계 해양안보와 전략적 안정을 보장하기 위한 공동 행동에 외국 국가의 개입
- 러시아연방 국경에서 해군의 물질-기술적 보장 분야 발전
- 대양에서 해군력(군대) 활동의 전방위적 보장을 위한 특수선 및 군함 선단 구성
- 전략적 무기 제한 및 감축 분야에서 러시아연방의 국제 협약 이행, 러시아연방의 자국 이익을 충족시키는 새로운 협약 결정에 참여
- 지역 안정을 촉진하고, 해군 활동 분야에서 신뢰 구축 적용
- 국제 평화와 안보를 유지하기 위한 작전에 해군(군대)이 참여하고, 평화에 대한 위협을 막기 위한 조치를 취하고, 유엔 안전보장이사회 또는 국제법의 규범에 따라 그러한 결정을 내릴 권한이 있는 다른 기구의 결정에 근거하여 침략 행위(평화 위반)를 억제 조치
- 외국 해군의 관리 인력 및 전문가의 해양 프로필 교육 기관 준비
- 외국의 국경 기관과 연방 보안국의 실질적인 협력 범위 확대

h ) 해군 및 연방 보안국의 사회 보장 및 인력 분야에서

- 해군 및 연방 보안국의 군인과 그 가족, 민간 인력의 사회적 보장 제공
- 해군 및 연방 보안국의 군인과 그 가족, 민간 인력의 의료 지원 시스템 발전
- 해군 및 연방 보안국에서 계약 군복무를 수행하는 군인의 인력 시스템 완성

30. 해군 활동 분야의 국가 정책의 우선순위 방향은 다음과 같습니다.

a ) 해군의 작전 및 전투 능력을 세계 최고의 수준으로 유지

b ) 재래식과 핵무기로 잠재적 적의 지상목표를 이길 수 있는 해군 능력을 개발하고 유지

c ) 미 해군과 다른 주요 해상 강대국의 독점적 우위를 방지하기 위해 해군의 균형 발전

d ) 세계 해양의 전략적으로 중요한 지역에서 해군(군대)의 장기 주둔 가능성 보장

e) 국경에서 러시아연방의 현대 안보 시스템을 구축하여 해양에서 유리한 상황 보장 형성

## Ⅳ. 전략적 억제 수단으로서의 해군

31. 21세기 대양과 해양의 주도권 확보를 위한 국가 간 경쟁에서 군의 역할이 눈에 띄게 증대되고 있다. 세계 강대국의 해군은 해상 작전으로 전반적인 무력분쟁과 전쟁양상을 변화시킬 수 있다. 미국이 개발한 '전지구적 타격' 개념이 그 증거이다. '전지구적 타격' 개념은 국제 안보에 대한 새로운 도전인 동시에 러시아연방의 군사 안보를 위협하는 요소이다. 이 개념을 구현하기 위해 해군이 중요한 의미를 지닌다.

32. 러시아 해군은 '전지구적 타격'의 예방을 포함한 (핵 및 비핵 전력을 통한) 전략적 억제를 위해 가장 효과적인 수단 중 하나이다. 이는 해군 전력으로 해상 전략 핵무기 및 모든 작전이 가능한 해상 전력이 포함되어 있고, 세계 해양 어디서나 실질적인 전투력을 발휘할 수 있으며, 단시일 내에 분쟁 발생 지역에 해상 전투단이 전개하여 타국의 주권 침해없이 이 지역에서 장기간 작전을 수행함은 물론, 적 핵심 목표 공격을 포함한 작전을 수행할 만반의 준비가 되어 있어야 가능하다.

33. 러시아 해군에게는 정밀타격무기의 발전이라는 임무와 함께 해상에서 적 핵심 목표 공격을 통해 적의 군사·경제적 잠재력을 파괴하는 완전히 새로운 임무가 부여된다.

34. 충분한 수량의 정밀타격무기를 보유하고 이를 운용할 수단이 다양해지면, 러시아연방을 대상으로 하는 광범위한 군사작전에 대한 억제가 가능해진다.

35. 전략적 억제 체계의 기본은 핵과 비핵 전력을 통한 억제이다.

36. 다양한 임무수행이 가능한 해군 전력은 전략적 억제 임무 수행에서 중요한 위치를 차지

37. 군사적 충돌 시 비전략 핵무기 운용을 포함한 전력의 준비 및 실제 사용이 가능함을 보여주는 것이 실질적인 억제를 가능하게 하는 요소이다.

38. 군사적 충돌의 예방과 전략적 억제를 위한 러시아 해군의 기본 임무는 다음과 같다.
   a) 전지구적 또는 지역적 차원에서 세계 해양의 정치·군사적 환경의 지속적 평가와 예측
   b) 세계 해양에서 전략적 안정성 유지
   c) 세계 해양의 전략적 요충지역에서 작전이 가능하도록 러시아 해군의 준비태세 유지

d) 임의의 잠재적인 적 표적을 대상으로, 러시아 해군 함정에 의한 장거리 정밀타격무기를 포함한 무기 사용 보장

e) 전구(戰區) 간 이동 및 러시아 해군 핵잠수함의 정기적인 빙하 밑 항해

f) 크림반도 영토에서 합동전력(부대) 발전을 통한 흑해 함대의 작전능력 및 전투력 증대

g) 주요 해상교통로 지역을 포함한 지중해 및 세계 해양의 전략적 요충지에서 러시아연방의 상시적인 해군 전력 투입 보장

h) 수중·수상 환경에서 운용되는 단일 국가 통신체계의 개발 및 성능보장

i) 세계 해양에서 국제안보 협력 강화 및 국제법에 부합되면 국제안보 강화를 위한 공동이익을 기반으로 하는 군사협력 발전

j) 해군활동에서 상호 신뢰 강화를 목적으로 하는 러시아연방의 국제조약 체결 및 이행

k) 국제기구와의 협력이라는 틀 안에서, 유엔 주도의 국제 평화유지활동에 러시아연방군으로서 참여

## V. 러시아 해군력 건설·발전을 위한 전략적 요구, 과제 및 우선순위

39. 러시아연방은 타국의 해군력이 러시아 해군을 능가하도록 하지 않을 것이며, 세계 2위의 해군력을 유지하기 위해 노력할 것이다.

40. 러시아 해군은 다음의 기본적인 전략적 요구를 충족해야 한다.
   a) 평시 또는 간접적 공격 위협 시
   - 대양과 바다로부터 가해지는 러시아연방과 동맹국에 대한 군사적 압박·공격의 거부
   - 세계 해양의 원거리 해역으로 신속·은밀하게 전력(군)을 전개하는 능력
   - 러시아 해군의 차세대 무장, 함정(선박), 잠수함, 해군 항공기, 해양체계를 상호 연동·통합된 단일 체계로 연결
   - 러시아 해군 구조 및 전투 편제는 러시아연방의 방위산업과 국가경제 발전의 대내외적 사회·경제·군사·기술적 조건에 부합
   - 세계 해양 임의의 해역에서 실시간 지속적인 보안을 유지한 가운데, 중단 없이 전력(부대)을 지휘통제
   b) 전시
   - 러시아연방의 국익이 보장되는 가운데 적의 군사작전 중단을 강요하기 위해 적에게 감당할 수 없는 손실을 가할 수 있는 능력
   - 근해·원해·대양에 (정밀타격무기를 보유한) 해군 함정이 전개하여, 정밀타격 능력을 갖춘 해군력을 보유한 적에게 성공적으로 대응할 수 있는 능력

- 대유도탄·대공·대잠·대기뢰전 관련 높은 수준의 방어능력 확보
- 신규 획득 예정인 군수지원함을 이용해 원거리 세계 해역에서 독자적 군수지원을 포함한 장기 작전 수행 능력
- 전력(군) 구조 및 작전(전투) 능력을 현대적 행태와 군사작전 수행 수단에 부합하도록 하며, 러시아연방의 군사 안보의 모든 위협이 고려된 러시아군 운용 관련 새로운 작전개념에 이를 적용

41. 러시아 해군력 건설·발전의 주요 과제는 다음과 같다.
    a) 러시아 해군 전력의 균형 잡힌 편성
    b) 해상의 전략적 핵 전력 전투력 최고도로 유지
    c) 신형과 개량형 무장을 탑재한, 질적으로 완전히 새로운 다목적 해상 전력 개발

42. 러시아 해군 건설·발전의 중·장기 우선순위는 다음과 같다.
    a) 전략 미사일 잠수함 부대의 전략적 핵전력 최고도로 유지 및 완성도 향상
    b) 비핵 전력을 통한 전략적 억제 임무 할당을 위해 다목적 해군 부대 발전
    c) 러시아연방에 대한 군사작전의 시작이라는 최악의 상황을 가정한, 다양한 전략적 방향으로 전력(군) 편제
    d) 근해·원해·대양에서 임무수행이 가능한, 다양한 용도의 위그선 건조 및 해안부대용 군용·특수 장비 개발, 다목적 원자력·재래식 잠수함과 함정의 건조 및 개량을 통해 러시아 해군 전투력의 향상

43. 정밀타격이 가능한 장거리 순항미사일을 2025년까지 러시아 해군의 잠수함·수상함 전력과 해안방어부대의 기본 무장으로 전력화되도록 한다.

44. 2025년 이후에는 초음속 유도탄과 자율무인 잠수정과 같은 다양한 목적의 무기체계를 전력화한다.

45. 항공모함, 차기 수상함, 잠수함(전투 플랫폼), 차세대 심해체계의 개발과 전투·기타 임무 수행을 위한 해상용 로봇체계의 대형 함정 배치 예정

46. 2030년까지 러시아연방은 모든 전략적 측면에서 강력하고 균형 잡힌 해군을 보유해야 하며, 러시아 해군은 근해·원해·대양에서 임무 수행을 위한 함정과 해군 항공 및 해안방어 부대 전력으로 구성되어야 한다. 이 전력에는 효과적인 정밀타격무기가 탑재되고 전력의 배치와 군수지원을 위해 발전된 체계를 갖추어야 한다.

## VI. 해군활동 기본정책 구현 매커니즘과 러시아 국가안보태세 파악 지표

47. (러시아연방 국방부의 통제 하에) 러시아연방 행정부 및 러시아연방 주체의 행정부 기관을 통한 체계적, 법률적, 대외정치적·군사적·경제적·재정적·정보적 성격을

가진, 조정되고 목적 지향적인 조치들로 이루어진 해군활동 분야의 국가 정책

48. 러시아 군·안보기관·외무부·기타 행정부 기관에게 할당되는 해군활동 자원은 사전 검토된 연방 및 연방 주체 재원으로 충당되나, 개별 상황에서는 기관 자체 예산이 사용된다.

49. 위에 언급된 기본정책을 이행하기 위한 사전 조치는 다음과 같다.
    a) 해군활동 이행을 위한 계획수립·조치의 절차를 규정하는 법률 제정 및 공포
    b) 계획 기간 내에 해양 및 해군활동, 국경 관련 활동, 무기 획득사업, 함정 건조 사업과 국방조달 분야와 관련된 연방 및 기타 사업의 개발 및 이행
    c) 해군활동 분야 국가정책 이행과 관련된 체계적인 모니터링과 분석 시행
    d) 세계 해양에서 러시아연방과 동맹국의 국익을 보호하기 위해 최상의 조건을 보장하기 위한 국제법 기반 보완
    e) 러시아연방 방위산업 구조의 체계화와 과학·기술의 전문화 발전
    f) 해군활동 분야 학술적 연구의 계획과 수행

50. 해군활동 분야에서 국가안보 상황의 기본적인 지표는 대양 및 바다에서 러시아연방의 군사안보와 세계해양에서 러시아연방의 국익을 수호할 수 있는 러시아 해군의 구성·상태·능력이다.

51. 해군분야 국가정책구현을 위한 조치가 효과적이라고 평가할 수 있는 지표는 아래와 같다.
    a) 세계 2위의 전투력을 보장할 수 있는 러시아 해군의 첨단 무기체계 및 군용·특수 장비의 수준
    b) 재래식 무기만으로 적에게 치명적 손실을 입힐 수 있는 러시아 해군의 전투력
    c) 어떠한 상황에서도 해상 전략 핵무기 사용이 가능한 러시아 해군의 능력
    d) 전력의 전구 간 이동을 통해 전략적으로 위험한 지역에 해군 부대를 증강할 수 있는 러시아 해군의 능력
    e) 러시아연방의 배타적 경제수역 및 대륙붕의 환경 변화에 효과적으로 대응하는 연방 기관의 능력

# Ⅶ. 결 론

53. 러시아연방은 해양 및 대륙의 강대국으로서 세계 해양·연안지역·접속 수역에서 일어나는 지정학적 진행과정의 모든 측면을 고려해야 한다.

53. 현대 세계의 지정학적 환경 발전 경향은 해군만이 21세기의 다극체제 안에서 러시아연방의 주도적인 위치를 보장하고 국익 구현·보호가 가능하다는 점을 분명히 한다.

54. 위에 언급된 기본정책은 러시아연방 대통령과 러시아연방 정부에 의해 위임된 기능과 권한 내에서 러시아연방 및 연방 주체 행정부 기관에 의해 이행된다.

55. 위에 언급된 기본정책은 세계 해양에서 정치·군사적 환경 및 사회·경제적 상황의 변화와 관련되어 구체화될 것이다.

- ## 2035년까지 러시아 북극권의 발전과 국가안전보장전략/
  러시아연방 대통령령 제645호(2020.10.26.)

### УКАЗ
#### ПРЕЗИДЕНТА РОССИЙСКОЙ ФЕДЕРАЦИИ

**О Стратегии развития Арктической зоны
Российской Федерации и обеспечения национальной
безопасности на период до 2035 года**

В соответствии со статьей 17 Федерального закона от 28 июня 2014 г. № 172-ФЗ "О стратегическом планировании в Российской Федерации" п о с т а н о в л я ю:
1. Утвердить прилагаемую Стратегию развития Арктической зоны Российской Федерации и обеспечения национальной безопасности на период до 2035 года.
2. Правительству Российской Федерации:
а) в 3-месячный срок утвердить единый план мероприятий по реализации Основ государственной политики Российской Федерации в Арктике на период до 2035 года, утвержденных Указом Президента Российской Федерации от 5 марта 2020 г. № 164, и Стратегии развития Арктической зоны Российской Федерации и обеспечения национальной безопасности на период до 2035 года (далее - Стратегия), утвержденной настоящим Указом;
б) обеспечить реализацию Стратегии;
в) осуществлять контроль за реализацией Стратегии;
г) представлять Президенту Российской Федерации ежегодно доклад о ходе реализации Стратегии.
3. Рекомендовать органам государственной власти субъектов Российской Федерации, территории которых относятся к сухопутным территориям Арктической зоны Российской Федерации, руководствоваться положениями Стратегии при осуществлении своей деятельности, а также внести соответствующие изменения в

2

стратегии социально-экономического развития и государственные программы развития субъектов Российской Федерации.
4. Настоящий Указ вступает в силу со дня его подписания.

Президент
Российской Федерации          В.Путин

Москва, Кремль
26 октября 2020 года
№ 645

**〈그림〉 러시아 대통령령 제645호(2020.10.26.) 「2035년까지 러시아 북극권의
발전과 국가안전보장전략」**

### □ 주요내용
- 구성 : 러시아연방 전략계획, 총 40개 조항
- 목적 : 러시아연방 북극지역의 개발과 국가안보보장
- 요지 : 변화하는 북극지역의 사회 경제 발전과 북극의 국가안보를 보장하는 북극지역의 특징을 명시하고 이 지역의 인프라 구축 및 발전 구체화
- 시행 : 러시아연방 대통령령 제645호(2020.10.26.)

# Ⅰ. 개 요

1. 이 전략문서는 2035년까지 북극에서 러시아연방 국가정책을 이행하기 위한 러시아 연방 국가안보를 보장하는 전략기획 문서로서 북극의 주요 국가정책 수립과 국가안 보를 보장하고, 북극의 주요 과제와 예상되는 안보를 보장하는 조치를 지닌다.

2. 이 전략문서의 법적 근거는 러시아연방의 헌법이며, 2014년 6월 28일 제172호 " 러시아연방 전략계획", 러시아연방의 국가안보 전략, 러시아연방의 외교정책 개념, 러시아연방의 과학 및 기술 개발 전략, 2025년까지 러시아연방의 지역 개발 국가 정책, 2025년까지의 국가 개발의 기본이 되는 2014년 5월 제296호 "러시아연방 북극지대의 영토", 2018년 5월 7일자 "2024년까지 러시아연방 발전의 국가 목표와 전략 목표", 2020년 7월 21일 "러시아연방의 국가 발전 목표", 2020년 7월 21일 자 "러시아연방의 국가 발전 목표"이다.

3. 이 전략문서에서 북극과 러시아연방의 북극 지역(이하 북극 지대라고 함)의 개념은 북극의 국가 정책의 기초와 동일한 의미로 사용된다.

4. 사회 경제 발전과 북극의 국가안보를 보장하는 북극 지역의 특징은 다음과 같다.
   a) 극단적인 자연 및 기후 조건, 매우 낮은 인구 밀도, 교통 및 사회 인프라의 개 발 수준
   b) 외부 영향에 대한 생태학적 시스템, 특히 러시아연방의 원주민 소수민족의 거주 지 환경
   c) 기후 변화, 경제 활동과 환경에 대한 새로운 경제적 기회와 위험 출현
   d) 북극항로와의 지리적, 역사적, 경제적 연계성의 안정 단계
   e) 북극 지역의 특정 영토의 불균형적인 산업개발, 천연자원 확보에 대한 경제적 목표
   f) 경제 활동과 인구와의 연관성, 연료, 식품 및 기타 주요 상품 공급에 대한 의존
   g) 북극에서 잠재적 충돌의 가능성 증대

## Ⅱ. 북극 지역의 개발 상태와 국가안보 현황 평가

5. 러시아연방의 사회·경제적 발전과 국가안보를 보장하는 북극지역의 중요성은 다음 과 같다.
   a) 북극 지역은 러시아연방에서 천연가스의 80% 이상과 석유(가스 응축수 포함)를 생산

b) 북극 지역에서 가장 큰 경제 (투자) 프로젝트의 구현은 첨단 및 과학 집약적인 제품에 대한 수요 형성을 보장하고, 러시아연방의 다양한 주제에 이러한 제품의 생산을 자극한다.

c) 북극의 러시아연방의 대륙붕에는 85.1조 루블 이상의 자원이 포함된다. 가연성 천연가스, 173억 톤의 석유(가스 응축수 포함)를 포함한다. 러시아연방의 광물 자원 기지 개발을 위한 전략적 예비군 역할을 한다.

d) 기후 변화의 결과로 국가 및 국제 화물 운송에 사용되는 세계적인 중요성을 가진 교통로로서 북극항로의 중요성이 증가할 것이다.

e) 불리한 환경적 결과를 초래하는 북극 지역의 인위적 영향 및 기후 변화의 결과로 발생 가능한 글로벌 환경 위험을 만든다.

f) 북극 지역에 거주하는 19개 작은 민족은 가치있는 역사적·문화적 유산의 대상이 된다.

g) 러시아연방과 그 동맹국에 대한 침략을 방지하기 위해 전략 억제력 시설은 북극 지역에 위치하고 있다.

6. 러시아연방 북극권 개발 전략 이행 및 2020년까지의 국가안전보장의 결과는 다음과 같다.

a) 북극 지역의 출생자의 수명은 2014년 70.65세에서 2018년 72.39세로 증가

b) 2014년부터 2018년까지 북극 지역에서 유입된 인구는 53% 감소

c) 실업률(국제노동기구 조사결과에 따르면)은 2017년 5.6%에서 2019년 4.6%로 감소

d) 북극 지역에서 생산된 지역 제품의 점유율은 2014년 5%에서 2018년 6.2%로 증가

e) 북극 지역에서 이행된 고정 자산에 대한 투자의 총액에서 러시아연방의 예산 기금 점유율은 2014년 5.5%에서 2019년 7.6%로 증가

f) 북극해역 화물 운송량은 2014년 400만톤에서 2019년 3,150만톤으로 증가

g) 북극지역의 총 가구 수는 2016년 73.9%에서 2019년 81.3%로 증가. 이러한 통계는 인터넷에 광대역 액세스하는 가구의 점유율

h) 북극지역의 현대무기, 군사 및 특수장비의 점유율은 2014년 41%에서 2019년 59%로 증가

7. 북극 지역 개발과 국가안보를 보장하는 주요 위험, 도전 및 위협은 다음과 같다.

a) 북극의 기후 온난화는 전 지구보다 2~2.5배 더 빠름

b) 자연적인 인구 증가, 이주 유출의 결과에 의해 인구 감소

c) 출생 시 평균 수명, 근로자 사망률, 유아 사망률, 규제 요건을 충족하는 공공 도로의 점유율, 주택 비축량 등 북극지역 삶의 수준은 전 러시아연방 평균값의 지표보다 뒤쳐짐.

d) 전통적인 거주지와 소규모 사람들의 전통적인 경제 활동을 포함하여 외딴지역에 위치한 정착지에 고품질의 사회 서비스 및 편안한 주택의 가용성이 낮음.

e) 작업 조건의 기준을 초과하여 높은 수준의 전문적인 위험, 유해하거나 위험한 생산 요인, 불리한 기후 조건, 직업 질병의 출현 위험 증가

f) 외딴 지역에 위치한 정착지에 연료, 음식 및 기타 중요한 물품을 공급하는 국가 지원 시스템이 없기 때문에 저렴한 가격으로 경제활동

g) 소형 항공기의 운영과 저렴한 가격으로 연중 항공 운송 구현을 위해 설계된 것을 포함하여 교통 인프라 개발의 낮은 수준과 이러한 인프라 시설을 만드는 높은 비용

h) 북극 및 동일지역 근로자에게 보증 및 보상을 제공해야 하는 등 상당한 비용으로 인해 사업기관의 경쟁력이 낮음

i) 북극지역의 중고등 직업 및 교육 시스템, 인력과 사회적 영역 사이의 불일치

j) 북극 지역의 경제 프로젝트 이행 시기부터 북극항로의 인프라 개발, 쇄빙선, 보조함대의 건설 문제

k) 북극항로에서 해상선박 승무원에게 긴급 피난 시스템 및 의료지원 제공 부재

l) 정보 통신 인프라의 개발 수준이 낮고 통신 분야의 경쟁 부족

m) 경제적으로 비효율적이고 환경적으로 안전하지 않은 디젤 연료의 사용에 기초하여 지역 전기 발전의 높은 점유율

n) 북극 지역의 제품에서 하이테크 및 지식 집약적 경제의 부가 가치의 점유율 감소, 경제적 실제 부문과 연구 개발 부문의 약한 상호 작용, 혁신 사이클의 개방성

o) 천연자원의 보호 및 합리적 사용을 위해 수행된 고정 자산에 대한 낮은 수준의 투자

p) 해외에서 북극 지역으로 유입되는 매우 독성이 강한 방사성 물질뿐만 아니라 특히 위험한 전염병의 병원균이 발생할 가능성

q) 구조 인프라의 개발 속도와 공공 안전 시스템의 개발 속도와 북극 지역의 경제 활동의 성장 속도 사이의 불일치

r) 북극 지역의 충돌 잠재력의 증가, 이는 러시아연방군의 군대의 전투 능력의 지속적인 증가를 필요로 북극지역에서 군사 형성으로 이어짐

8. 2019년, 북극지역 개발과 국가 안보를 보장하는 과제를 고려하여 행정 체계가 재편되었다. 새로운 구성이 승인되고 북극 개발을 위한 국가위원회의 권한이 확대되고, 극동 및 북극 개발을 위한 러시아연방이 형성되었으며, 극동 개발 기관의 역량을 북극 지역으로 확대하기로 결정했다.

## Ⅲ. 북극지역 발전의 주요 과제를 이행하고 국가안보를 보장하기 위한 전략 및 조치의 이행목적

9. 이 전략을 이행하는 목적은 북극 지역에서 러시아연방의 국익을 보장하고 북극의 국가 정책의 기초에 정의된 목표를 달성하는 것입니다.

10. 북극지역 개발과 국가안보를 보장하는 주요 목표와 임무는 북극에서 러시아연방의 국가 정책 이행의 주요 목표와 북극의 국가 정책에 명시된 북극지역 개발의 과제에 해당한다.

11. 북극 지역의 사회 발전 분야의 주요 과제 이행은 다음과 같은 조치를 통해 보장된다.

   a) 1차 의료기관의 재료 및 기술 기반을 성인과 어린이에게 제공하는 의료기관의 자료 및 기술기반 도입을 포함하여, 별도의 단위, 중앙지구 및 지역병원 등 의료서비스 제공에 필요한 장비가 있는 이들 조직, 단위 및 병원을 재정립하는 등 1차 의료서비스의 현대화

   b) 의료기관, 의료종사자, 환자의 거주지로 환자를 구출하고, 소상공인의 전통 거주지 등 외딴 지역에 있는 정착지에 의약품을 전달하기 위해 도로 및 항공 운송을 제공하는 의료기관

   c) 정착지 낮은 인구 밀도를 고려하여 의료에 대한 국가 자금 조달 메커니즘 개선

   d) 텔레 메디컬 기술을 이용한 의료서비스 제공 보장, 유목민의 경로를 포함한 모바일 형태의 의료서비스 개발 등 의료기관의 인터넷 접근을 우선으로 제공하는 경우

   e) 북극 북부지역에 거주하는 시민에게 특정 질병에 대한 의료제공을 보장하고, 북극 북부지역에서 운영되는 의료기관, 지부 또는 부대, 의료피난 사례 수에 따른 의료인력 인원 및 장비에 대한 별도의 기준을 보장하는 행위

   f) 북극 수역에서 선박의 항해를 위한 의료지원기구, 북극해의 고정기지 및 해상 플랫폼 운영

   g) 하이테크 의료기술의 개발

   h) 전염병을 포함한 질병 예방대책 개발, 건강한 식단으로 전환하고 주류 및 담배 제품의 소비를 줄이는 동기를 포함하여 시민들의 건강한 생활방식에 대한 헌신을 형성하기 위한 일련의 조치

   i) 인력 부족을 없애기 위해 의료 종사자에게 사회적 지원을 제공하는 행위

   j) 인구 통계학적 및 인력 예측, 정착지의 교통 접근성 및 소상공인의 생활 특성을 고려하여 1차 의료, 교육기관, 문화, 체육 분야의 서비스를 제공하는 조직 등 사회기반시설의 최적의 배치를 위한 제도 개선 인프라 시설의 현대화

   k) 외딴 지역과 농촌 정착지에 위치한 정착촌, 거리 교육 기술의 개발을 포함하여 아동을 위한 추가 교육 조직에 대한 고품질의 일반 교육의 가용성을 높이고 조

건을 보장

l) 교육 분야의 법률 규제 개선 및 소상공인의 교육취득조건 조성

m) 대기업과 함께 고급 직업 교육 센터의 설립 및 세계기술 기준에 따라 전문 교육기관의 네트워크 개발

n) 연방 대학 및 고등 교육의 타 교육기관의 개발 프로그램 지원, 과학기관 및 기업과의 통합

o) 인구의 위생 및 역학적 복지를 보장하는 분야에서 북극 지역에 입법특수기관 설립

p) 기타 인간 활동의 환경에 대한 부정적인 결과 제거, 기후 변화로 인한 공중 보건 위해에 대한 위험, 발생의 근원에 미치는 영향의 연구 및 평가, 감염 및 기생 질환의 확산 방법

q) 문화유산의 보존과 대중화를 보장하고, 전통문화의 발전, 소수민족의 언어의 보존 및 발전을 보장하는 행위

r) 외딴 지역 정착지에 거주하는 아동을 위한 문화단체 방문, 창작팀 및 야외 전시회 조직, 지역 간 모든 러시아 스포츠 행사지역 스포츠 팀의 참여 보장, 북극지역에서 모든 러시아 축제 및 축제 개최를 위한 국가 지원 조치 제공 프로젝트뿐만 아니라 주요 스포츠 이벤트

s) 체육문화와 스포츠에 체계적으로 종사하는 시민의 비율을 높이고, 스포츠 시설을 갖춘 인구 공급 수준을 높이고, 이러한 시설의 수용 능력을 증가시키는 조건 창출

t) 주요 지역 간 항공 운송의 보조금을 지급하는 메커니즘 개선

u) 북극의 자연적이고 기후적인 특징과 고급 디지털 및 엔지니어링 솔루션 도입을 고려하여 공공 공간의 개선을 포함하여 정착촌의 현대적인 도시 환경 형성

v) 목조 주택 건설, 소규모 인민의 전통적인 거주지의 엔지니어링 및 사회 인프라 시설 건설, 광물 자원 센터 개발, 경제 및 인프라 프로젝트의 구현을 보장하는 분야에서 기능을 수행하는 신체 및 조직이 위치한 정착지에서 주택 건설에 대한 국가 지원

w) 북극 북부지역을 떠나는 시민에게 주택보조금 제공과 관련된 경비의 융자를 보장하는 행위

x) 사회, 주택, 공동 및 교통 인프라 시설의 생성 및 현대화에 국가 참여 및 민간 투자자가 있는 기업뿐만 아니라 소상공인의 전통적인 거주지 및 전통 경제 활동의 인프라 개발 자극

y) 북극 지역에서 일하고 거주하는 러시아연방 시민들에게 제공되는 사회 보장 제도의 결정

z) 외딴 지역에 위치한 정착지에 연료, 음식 및 기타 중요한 물품의 납품을 위한 국가 지원 시스템 수립

12. 북극지역의 경제발전 분야의 주요 과제 이행은 다음 조치의 이행을 통해 보장한다.

   a) 폐순환경제 전환에 기여하는 북극지역의 특별경제체제 도입, 지질탐사에 대한 민간투자의 이행, 기존 산업생산시설의 새로운 현대화, 첨단기술 개발, 신석유 및 가스지역 개발, 고체광물의 퇴적물 매장량 증대, 액화 천연가스 및 가스화학 제품의 생산

   b) 가스 공급, 파이프라인 운송 및 통신 시스템의 인프라를 포함한 운송, 에너지 및 엔지니어링 인프라 시설에 대한 자본 투자 이행에 대한 국가 지원을 투자자에게 제공하는 경우, 연방 법률 및 기타 규제 법률 행위에 의해 수립된 절차 또는 기준에 따라 선택 또는 결정된 새로운 투자 프로젝트의 이행에 필요한 경우

   c) 중소기업의 전통경제활동에 대한 국가지원프로그램의 개발 및 이행

   d) 법령에서 금지되지 않는 경제 및 기타 활동을 수행하기 위해 토지 플랫폼을 시민에게 제공하는 절차의 단순화

   e) 산림 및 어류 농장을 이용하는 사람들을 위한 디지털 서비스 개발

   f) 북극 지역의 지질 연구를 위한 프로그램의 개발 및 구현

   g) 대륙붕의 외부 한계를 입증하는 데 필요한 재료의 제조에 대한 작업 지속

   h) 대륙붕에서 경제 프로젝트의 이행을 위한 새로운 모델의 생성 및 개발을 통해 국가별 이행에 대한 통제권을 유지하면서 이러한 프로젝트에 민간 투자자의 참여 확대 제공

   i) 석유 및 가스 분야 개발(대륙붕에 사용되는 기술 포함), 액화 천연가스 생산, 관련 산업 제품의 생산을 보장하기 위한 국가 지원 조치 제공

   j) 새로운 경제 프로젝트의 구현에 러시아 생산의 산업 제품의 사용 자극

   k) 어류 가공 단지 조성 및 현대화를 위한 프로젝트에 국가 지원, 어류 사육 및 온실 농장의 기업, 가축 단지 보장

   l) 해양 생물자원의 불법 추출 및 판매를 방지하고 합법적으로 추출된 해양 생물자원의 판매를 촉진하기 위한 법적 및 조직적 개발 및 이행

   m) 산림 인프라 개발 및 산림 자원의 처리, 화재로부터 산림의 항공 보호 시스템 개발, 산불로부터 산림 보호 시스템 개발을 위한 국가 지원 메커니즘 개발

   n) 러시아연방 영토에 북극 크루즈 선박 건조와 관광 인프라 개발에 대한 국가 지원

   o) 북극지역에 위치한 교육기관에 대한 지방 예산 할당, 고자격을 갖춘 인력 필요성에 따라 교육 전문 교육 프로그램 및 제어 시스템 도입

   p) 노동활동을 수행하기 위해 북극지역으로 이동(이주)할 준비 완수

13. 북극 지역의 인프라 개발 분야에서 주요 작업의 구현은 다음과 같은 조치의 구현을 통해 보장된다.

a) 북극해, 바렌츠해, 백해의 해역에 있는 항구 및 해상 항로의 인프라 통합 개발

b) 북극항로의 전체 수역에서 항행을 관리하기 위한 해상 작전 본부 설립

c) 승객과 화물의 다중 운송의 자동시스템 등록을 위해 설계된 디지털 플랫폼을 기반으로 북극항로에서 제공되는 운송 및 물류 서비스의 통일

d) 프로젝트 22220의 최소 5개의 범용 핵 쇄빙선, 리더 프로젝트의 핵 쇄빙선 3개, 다양한 용량의 구조 및 견인 및 구조 선박 16척, 수중물체 및 조종선박 2척의 건설

e) 북해항로 개발의 필요성을 고려하여 직업교육 및 추가 교육 체계 개발

f) 경제 프로젝트의 이행을 위해 상선에 사용되는 화물선 건설 및 북극 지역의 해상 및 하천 항만 간 운송을 위한 화물 및 여객선 건설에 사용되는 화물선 건 프로그램의 개발 및 승인

g) 북극항로에서 국제 운송을 보장하기 위해 허브포트건설 및 러시아 컨테이너 생성

h) 백해, 발트 운하를 따라 항해 기회의 확장, 오네가 분지, 북부 드비나, 메젠, 펙코라, 에니세이, 레나, 콜리마 및 북극 지역의 다른 강의 준설을 포함하여 항구의 배열

i) 북극 해역에서 액화 천연가스의 사용 확대, 그리고 정착지에 대한 에너지 공급

j) 북극 항로의 인프라 개발과 경제 프로젝트의 이행과 함께 러시아연방 국경을 넘어 공항 단지 및 검문소 개발 및 재건 계획

k) 기후 변화에 직면하여 인프라의 지속 가능한 기능을 보장하는 엔지니어링 및 기술 솔루션의 개발 및 구현

l) 외딴 지역에 위치한 정착촌을 포함하여 지역 도로의 건설 및 재건

m) 지구의 극지방에 고해상도 수력 기상 데이터를 제공하는 고도의 타원형 우주 시스템 배치

n) 국내 장비를 기반으로 고도의 타원형 궤도에 있는 위성 별자리의 생성 및 개발, 북극항로의 해역 및 북위 70도의 북쪽 지역에서 사용자를 위한 위성 통신을 제공하며, 자동 식별 시스템 및 지구 원격 감지 시스템의 작동 속도와 필요한 품질 및 작동 속도

o) 북극 지역의 가장 큰 항구와 정착지에 지역 통신 라인의 출력과 함께 북극 주요 수중 광섬유 통신 라인의 생성

p) 원자력 발전소, 원자력 기술 유지 보수 선박 및 원자력 화력 발전소의 부유 전력단위를 갖춘 지상 선박 및 선박의 진입 및 정박시 항구의 방사선 안전 보장

q) 분리되고 접근하기 어려운 지역에서 수행되고 액화천연가스, 재생에너지원 및 지역 연료의 사용을 포함하는 전력 생성의 효율성을 개선하기 위한 프로젝트에 대한 국가 지원을 위한 메커니즘의 개발 및 구현

ㄱ) 소수민족에게 에너지 공급 및 통신수단과 함께 전통적인 거주지 및 전통경제
활동 장소공급

14. 북극 발전의 이익을 위해 과학 기술 개발 분야의 주요 과제의 구현은 다음과 같은
조치를 통해 보장된다

a) 북극 발전의 이익을 위해 근본적으로 적용된 과학적 연구를 수행하기 위한 과
학 및 기술 개발 및 활동의 우선순위 영역 식별

b) 북극 지역의 경제 활동에 필요한 새로운 기능 및 구조의 생성, 북극의 자연
및 기후 조건에서 일하기 위한 지상 차량 및 항공 장비 개발, 건강을 위한 기
술 개발, 북극 지역 인구의 기대 수명을 증가시키는 등 북극 발전에 중요한
기술의 개발 및 구현

c) 북극해에서 종합적인 탐험 연구 항해의 안전성을 보장하기 위한 수중 연구뿐
만 아니라 심해 연구를 포함한 수중 환경 연구

d) 북극 생태계의 국제 과학연구(원정 연구 포함)에 대한 포괄적인 개발, 지구 기
후 변화와 북극의 연구

e) 표류하는 얼음 저항성 플랫폼 및 연구 선박의 건설을 포함하여 러시아의 연구
함대개발

f) 북극의 발전을 위해 응용과학연구 영역에서 과학 및 교육센터의 생성

g) 북극 지역의 과학기술 개발의 모니터링, 평가 및 예측

15. 환경보호 및 환경안전 분야의 주요 과제는 다음과 같은 조치를 통해 수행되어야
한다.

a) 특별히 보호된 특별한 자연보호 준수, 소유권 등록기록부에 대한 정보입력

b) 북극 지역의 경제 및 인프라의 적응을 위해 기후 변화에 적용

c) 축적된 피해를 없애기 위한 환경 및 작업 조직에 축적된 피해의 식별 및 평가

d) 현대 정보통신 기술통신시스템의 활용을 통해 환경의 국가모니터링 통합시스
템 개발

e) 세계기상기구의 권고에 근거한 환경관측시스템의 관측망 및 기술설비를 높이
는 것을 포함하여 수력기상학 분야에서의 작업 수행

f) 대기로 공기 배출을 최소화하고, 북극 지역의 경제 및 기타 활동에서 오염 물
질의 배출뿐만 아니라 북극 지역의 경제 및 기타 활동의 구현에 가장 적합한
기술을 도입하기 위한 국가 지원 조치 수립

g) 천연 자원 개발에 부정적인 환경 결과 예방

h) 북극항로 및 기타 해상수송을 포함한 석유 및 석유류 제품의 유출을 제거하기
위한 비상상황의 예방 및 제거를 위한 통일된 국가 시스템 개발

i) 독성 및 방사성 물질뿐만 아니라 위험한 미생물의 해외로부터 북극 지역으로
의 유입 방지

j) 북미, 유럽 및 아시아 국가에서 오염 물질을 이전하여 발생하는 것을 포함하여 북극 지역의 환경에 대한 인위적 영향력 및 사회 경제적 결과에 대한 정기적인 평가수행

k) 북극 지역에 위치한 원자력 시설이 환경과 인구에 미치는 영향에 대한 정기적인 평가 실시

l) 연소를 최소화하기 위해 관련 석유 가스의 합리적 사용을 보장하는 행위

m) 북극 지역의 폐기물 관리 분야 활동, 북극 지역의 유해 폐기물 관리 시스템 개선에 대한 국가 지원

n) 기후 변화로 인한 비상사태와 관련하여 가장 위험한 오염물질 및 미생물의 유해한 영향력 출현 또는 증가에 대해 공공 기관과 대중에게 신속하게 알리는 시스템 구축

16. 국제협력 발전 분야의 주요 과제는 다음과 같은 조치를 통해 보장된다.

a) 북극을 평화, 안정 및 상호 호혜적인 협력의 영역으로 보존하기 위한 다양한 외교정책 활동 이행

b) 국제 조약, 협정 및 당사자인 협약을 포함하여 외국 국가와 러시아연방의 상호 유익한 양자 및 다자간 협력을 보장하는 단계

c) 국익을 보호하고 대륙붕 자원의 탐사 및 개발, 외부 제한 등 국제기구가 제공하는 북극 연안 국가의 권리를 이행하기 위해 대륙붕의 외부 한계와 북극 국가와의 협력 보전의 국제법적 공식화

d) 1920년 2월 9일 스발바르 조약에 노르웨이 및 기타 국가 당사국들과 동등하고 상호 이익이 되는 협력 조건으로 스피츠베르겐 군도에서 러시아의 존재를 보장하는 행위

e) 북극 국가의 수색 및 구조, 인공 재해 예방 및 그 결과의 제거, 구조의 활동 조정, 북극 해안 경비대의 틀 내에서 북극 국가의 상호 작용을 보장하기 위한 통일된 지역 시스템을 만들기 위한 노력을 증가시키기 위한 지원

f) 북극 지역의 영토에 속하는 러시아연방의 구성 기관의 경제 및 인도주의적 협력 프로그램의 개발 및 구현

g) 북극 위원회 및 북극 문제에 전념하는 다른 국제 포럼에 러시아 정부 및 공공 기관의 적극적인 참여

h) 북극의 지속 가능한 발전과 소상공인의 문화유산 보존을 위한 공동 프로젝트 추진을 포함하여 2021-2023년 러시아연방 의장에 의한 북극위원회의 효과적인 업무 보장

i) 북극 지역의 영토에 거주하는 원주민과 외국 국가의 북극 영토에 거주하는 원주민 간의 유대강화에 대한 지원, 적절한 국제 포럼 개최

j) 다른 북극 국가의 청소년들과의 교육, 인도주의적 문화 교류를 통해 젊은 세

대의 포괄적인 발전 촉진

k) 외국 자본의 참여와 함께 북극 지역의 투자 프로젝트 구현을 위한 일반 원칙 개발

l) 북극 지역의 경제 (투자) 프로젝트 구현에 참여하기 위해 외국인 투자자를 유치하기 위한 이벤트 조성

m) 북극의 지속 가능한 발전을 위한 중앙 포럼 중 하나로 북극 경제 위원회의 중요성 홍보

n) 북극의 개발 및 개발과 관련된 기본 및 추가 전문 교육 프로그램의 외국 파트너와 함께 러시아 조직에 의한 개발 및 구현

o) 국제 북극 과학 협력 강화에 관한 협정의 이행을 보장하는 행위

p) 북극 지역개발과 북극에서 러시아의 개발활동에 관한 다국어 정보 자원의 인터넷에서 홍보

17. 북극 지역의 인구와 영토를 자연적 혹은 인공적인 비상사태로부터 보호하는 분야의 주요 과제는 다음과 같은 조치를 통해 수행된다.

a) 자연 및 인공 비상사태 위험의 식별 및 분석, 이러한 상황을 방지하는 방법의 개발

b) 기술 개발, 비상 구조 작업 및 소화를 위한 기술 수단 및 장비의 생성, 항공기의 현대화, 인구와 영토의 보호를 보장하기 위한 항공 인프라 및 항공 구조 기술 개발, 비상상황에 대한 대응 시간을 단축, 이러한 상황 고려 해결되는 작업 및 북극 지역의 자연 및 기후 조건

c) 인구와 영토의 보호 방법 개선, 항공기 사용을 포함 화재를 진압하는 방법, 인구의 북극 조건에서 임시 숙박 절차 및 자연 및 인공 자연의 비상사태의 제거에 대한 전문적인 절차

d) 중요하고 잠재적으로 위험한 시설의 보호 수준을 증가시켜 북극 지역의 비상 상황에서 기능을 보장하는 단계

e) 북극 지역에 건설될 시설의 세부 사항을 고려하여 자연 및 인공적인 비상사태로부터 인구, 영토, 위험한 시설의 보호 분야에서 규제 및 기술 프레임워크의 개선

f) 우주에서 원격 감지 데이터의 처리를 포함하여 북극 지역의 상황을 모니터링하고 비상 상황을 예측하기 위한 시스템 개발

g) 비상상황의 예방 및 제거의 통일된 국가 체제의 틀 내에서 위기관리시스템 개발

h) 북극 통합구조 센터의 개발(자연 및 기후 조건 고려)은 비상 상황의 예방 및 대응과 관련된 기술적 역량의 확대, 구조 개선, 구성 및 물류, 기반 인프라 확장

i) 주요 경제 및 인프라 프로젝트의 이행으로 인해 발생하는 상황을 포함하여 자연적이고 인공적인 자연의 비상사태를 없애기 위해 북극 국가의 군대와 수단

의 준비 태세를 검증하는 훈련 및 훈련 조직, 이러한 훈련 및 훈련에 참여

j) 북극 지역에서 방사선 사고 및 사고가 발생할 경우 응급 구조 장비 및 지원, 생명과 건강 유지에 대한 요구 사항 수립

k) 자연의 비상 상황 결과로 인해 정착지에서 시민의 피난(정착)을 보장

18. 북극 지역의 공공 보안 분야의 주요 과제는 다음과 같은 조치를 통해 수행된다.

a) 러시아연방 내무 기관과 러시아연방 방위군의 구조와 인력 개선

b) 러시아연방 내무부의 부대와 북극 지역에 주둔하고 있는 러시아연방 방위군의 부대를 현대식 무기와 탄약, 기타 재료 및 기술 수단 및 장비를 장착하여 북극 조건에 맞게 조정

c) 극단주의 및 테러 활동의 예방

d) 방치되는 것을 개선하고, 다양한 형태와 적응 정도, 재활을 통해 미성년자에게 사회적 지원을 제공

e) 기타 법 집행 조직에 대한 조건 생성, 마약 협회 및 조직, 마약 약물 및 향정신성 환자의 재활 및 사회화 시스템의 지역 부문 형성

f) 연료 및 에너지 단지, 주거 및 공동 서비스 기업에 대한 범죄 방지뿐만 아니라, 정보 통신 기술의 사용으로 저지른 범죄

g) 하드웨어 및 소프트웨어의 법 집행 부문 시스템의 작동성 구현, 개발 및 유지보수

h) 생활고에 있는 사람들에게 포괄적인 사회 지원을 제공하기 위한 재활 및 적응 센터 네트워크의 확장

19. 북극 지역에서 러시아연방 국경의 군사 안보를 보장하는 분야에서 주요 과제는 다음과 같은 조치를 통해 수행된다.

a) 러시아연방 군대, 타 군대, 군사 조직 및 북극 지역의 구성 및 구조의 개선

b) 러시아연방 군대, 타 군대, 군사 조직 및 기구의 전투 준비 유지를 포함하여 북극 지역에서 운영 체제를 보장하고, 예측 가능한 북극에서의 군사 위협

c) 북극 지역에 주둔하는 러시아연방 군대, 타 군대, 군사 조직 및 현대 무기, 군사 및 특수 장비의 경우 북극 조건에 맞게 조정된 최신 무기

d) 기초 인프라 개발, 영토 운영장비에 대한 조치 수행, 러시아연방 군대, 타 군대, 군사 조직 및 기관의 재료 및 기술 지원 시스템을 개선하여 북극 지역에서 작업 이행 보장

e) 북극 지역의 포괄적인 방어를 위한 솔루션을 위해 이중 사용기술 및 인프라 시설 사용

## Ⅳ. 러시아연방 및 지방 자치 단체에서 전략적 구현을 위한 주요 목표

20. 무르만스크 지역에서 이러한 전략 이행의 주요 목표는 다음과 같다.
    a) 무르만스크 항구의 통합 개발 - 북극에서 유일한 부동항 러시아 항구, 멀티 운송 허브로 무르만스크 교통 허브의 개발, 이 항구의 영토에 새로운 터미널 및 환적 단지의 건설
    b) 인프라 개발 및 이중 사용 시설의 현대화를 포함하여 군사 형성이 전개되는 폐쇄된 행정적 영토 및 정착촌의 포괄적인 개발
    c) 해양경제 공단기업의 창출 및 개발, 선박 수리, 공급 수행, 북극해 항구 해역의 항해에 종사하는 기업에 경쟁력 있는 서비스를 제공하기 위해 해안 기지 개발, 북극지역 사업 실시
    d) 액화 천연가스의 생산, 저장 및 선적을 위한 대용량 해양 구조물의 건설 센터의 생성 및 개발, 해양 기계 및 해양 탄화수소 퇴적물 개발에 사용되는 해양 기계 및 장비의 수리 및 유지 보수에 종사하는 기업의 생성 및 개발
    e) 콜라 반도의 광물 자원 기지에 대한 지질학적 연구, 광물의 추출 및 농축을 전문으로 하는 기존 광물 자원 센터의 새로운 개발 형성
    f) 다른 유형의 에너지 자원을 사용하는 장비로 열 발생을 위한 장비 교체를 포함한 에너지 인프라 개발
    g) 무르만스크 지역 국제공항을 포함하여 공항의 현대화
    h) 북극의 국제협력 및 비즈니스 관광 분야에서 러시아연방의 경쟁 우위를 실현하기 위해 무르만스크의 의회, 전시 및 비즈니스 인프라 개발
    i) 수산단지개발(수산의 자원력을 보존·개발할 필요성을 고려하여), 선박 건조, 현대 기술 및 조직적 기초의 수산생물자원 심층 처리를 위한 새로운 시운전, 양식업 개발 등 기업의 기술 재장비
    j) 키로프스크, 테리베르카, 코프도르, 페청가 및 테르스키 지구를 포함한 관광 및 레크리에이션 클러스터의 개발

21. 네네츠 자치구에서 이러한 전략 이행의 주요 방향은 다음과 같다.
    a) 심해 항구와 철도 건설 프로젝트 개발
    b) 나리안 마르 항구, 나리안 마르 공항 및 암데르마 공항의 재건, 페코라 강에서 준설 작업, 나리안 마르 - 우신스크 고속도로 건설을 포함한 교통 인프라 개발
    c) 바르란디, 콜구예프스키, 카리고-우신스키, 카시레이 석유 광물 자원 센터 개발
    d) 코로빈스코예와 금진스코예 가스 응축수 장, 바네이비스코예 및 라야보즈코예 석유 및 가스 응축수 분야의 개발을 포함하여 네네츠 자치구의 가스 응축수 광물 자원 센터의 형성
    e) 네네츠 자치구의 경제를 다각화하기 위해 고체 광물의 광물 자원 기지의 지질학적 연구 및 개발

f) 농공업단지 건설 및 사슴 처리와 관련된 수출 중심 프로젝트 이행

g) 문화, 종교 및 민족 관광의 인프라를 포함한 관광 클러스터의 개발

22. 추코트카 자치구에서 이 전략의 이행의 주요 목표는 다음과 같다.

a) 페벡 항구와 그 터미널의 개발

b) 심해 연중 항구에 운송 및 물류 허브의 생성

c) 차운-빌리빈스키 에너지 허브의 현대화

d) 지역 간 고속도로 건설을 포함한 교통 인프라의 개발 : 옴석찬 - 오몰론 - 아나디르

e) 수중 광섬유 통신 라인 구간 '페트로 파블로프스크 캄차츠키 - 아나디르'를 만들어 러시아연방의 통합 통신 네트워크에 네네츠 자율 옥루그를 연결

f) 비철 금속의 바임 및 푸르카카이-마이 광물 자원 센터의 개발

g) 베링 석탄 광물 자원의 개발, 아리나이의 심해 석호에 연중 터미널의 건설

h) 페벡에 비상 구조 장치와 북극 위기 관리 센터의 생성

i) 크루즈 북극 관광개발 및 아나디르, 페벡, 프로비데니야 영토에 있는 생태 관광 클러스터 의 형성

23. 야말 네네츠 자치구에서 이 전략의 이행 목표는 다음과 같다.

a) 오브만의 해운터미널과 해상운송로사베타항 개발

b) 오브스카야 - 살카르드 - 나딤 - 판고디 - 노비 우렌고이 - 코로차보와 옵스카야 - 보바넨코보 - 사베타 철도의 건설 및 개발

c) 야말과 자단 반도의 액화 천연가스 생산 확대

d) 파이프라인 가스 운송 시스템의 개발과 함께 오브만의 가스전 개발

e) 노보포르토프스코예 석유 및 가스 응축수 및 보바넨코보 가스 응축수 광물 자원 센터의 개발, 탐베이의 개발 및 해양 분야 개발 준비

f) 사베타, 얌부르크, 노비 우렌고이 지역의 석유 및 가스 화학 생산 개발 및 가스 처리 및 석유 화학의 다양한 산업 및 기술 단지의 형성

g) 가스 및 석유 파이프라인 네트워크의 양호한 상태 및 개발, 나디엠-푸르 및 푸르-타즈 석유 및 가스 지역의 자원 센터의 개발, 생산 및 개발을 위한 새로운 기술의 사용

h) 가스 압축 기술을 포함한 산업 회전율에서 저압 천연가스를 포함하는 기술 개발

i) 정착지를 단일 에너지 시스템에 연결하여 중앙 집중식 전원 공급 구역의 확장

j) 정착지의 산업단지 조성을 통한 석유 및 가스 서비스 개발

k) 연료 및 에너지 단지 및 주택 건설의 요구를 충족시키기 위해 건축자재의 생산 조직

l) 사베타 마을에 비상 구조 장치와 북극 위기관리 센터의 생성

m) 살카르드, 라비산기, 하프 정착지를 포함하여 관광 클러스터 형성

24. 카렐리아 공화국의 개별 지방자치단체에서 전략의 주요 목표는 다음과 같다.

    a) 백해-발트 운하의 현대화

    b) 러시아연방의 건설 작업을 보장하기 위해 건설 자재 산업의 개발

    c) 동카렐리안 구리-금-몰리브덴 광석 구역의 광물 자원 센터의 생성 및 개발

    d) 산림 처리를 위한 기업의 클러스터의 형성 및 개발

    e) 양식 기업을 포함한 어업 클러스터의 개발

    f) 문화, 역사 및 생태 관광의 개발

    g) 전기에 대한 예상 수요와 경제 효율성의 확인에 따라 소형 수력 발전소의 생성

    h) 국내 고속 초고밀도 솔루션을 기반으로 한 데이터 처리 및 저장 센터 네트워크 구축

25. 코미 공화국의 개별 지방자치단체에서 전략 구현의 주요 목표는 다음과 같다.

    a) 단일 산업 지자체의 경제 다각화 및 통합 사회 경제 발전 - 보르쿠타와 인타 도시 지구

    b) 페코라 석탄 분지에 기초하여 석탄 광물 자원 센터의 개발, 석탄 원료의 처리를 위한 단지에 기초하여 생성, 석탄 화학

    c) 석유 및 가스 처리 시설의 생성을 포함하여 티만-페코라 석유 및 가스 지방을 기반으로 석유 및 가스 광물 자원 센터의 형성 및 개발;

    d) 개별 영토의 지질 학적 연구 및 고체 광물의 광물 자원 기지의 개발

    e) 피겔스코예 예금의 티타늄 광석 및 석영(유리) 모래의 처리를 위해 설계된 수직통합 채굴 및 야금 복합체의 생성 및 개발

    f) 파르놈 페르로마간 광물 자원 센터의 형성 및 개발

    g) 건설 중인 철도 노선과의 통신을 제공하기 위해 철도 인프라 개발, 소스노고르스크의 건설을 포함하여 건설 계획 - 코노샤의 재건 - 코틀라스 - 춤 - 라비산기 섹션, 미쿤 재건의 타당성 - 자판기 섹션과 자판기의 건설

    h) 교통 인프라의 개발 - 우크타 - 페코라 - 우신스크 - 나리안 - 마르 고속도로 뿐만 아니라, 경쟁 기준으로 특정 영토의 교통 접근성을 보장 페코라 강에 준설 작업

    i) 보르쿠타에 공동 위치한 공항을 포함하여 공항 네트워크의 재건 및 현대화

    j) 문화-민족 및 문화역사관광클러스터 개발, 적극적인 자연관광 클러스터 형성

26. 사하 공화국(야쿠티아)에서 전략 구현의 주요 목표는 다음과 같다.

    a) 아나바르, 레나, 야나, 인디기르카 그리고 콜리마 강의 준설

    b) 아나바르와 레나 분지의 통합 개발, 광물 자원 센터 개발을 고려하여 아나바르의 영토의 다이아몬드, 불룬, 올레넥 지구, 베르크네-문스코예 지역의 다이아몬드, 탈미에 석탄, 서부 아피엘 레치 석유 자원

c) 틱시 항만과 터미널의 재건을 포함한 이중 사용 인프라 개발을 포함한 틱시 정착의 통합 개발

d) 야나강 유역에 위치한 영토의 통합 개발, 에너지 및 운송 인프라 시설 건설, 쿠쿠스 금, 프로그노즈 은, 차주석 광석 및 타이어 크티아크 주석을 포함한 야나 분지의 고체 광물 자원 기지 개발

e) 인디기르카 강 유역에 위치한 영토의 통합 개발, 크라스노레첸스코예 석탄 개발을 통해 에너지 안보 및 경제의 다각화 보장, 현무암과 건물 석재를 기반으로 건축 자재의 생산 조직

f) 콜리마 강 유역에 위치한 영토의 통합 개발, 그린 케이프 강 부두의 현대화와 자이리안 석탄 광물 자원 센터 개발 지원

g) 프로젝트 "세계 매머드 센터"의 구현뿐만 아니라 과학, 문화, 민족학 및 원정 관광 클러스터의 개발을 위한 고생물학 발견의 저장 및 연구를 위한 현대적인 인프라 시설의 생성

h) 외딴 지역에 위치한 정착지에 연료, 음식 및 기타 중요 물품의 납품을 보장하기 위해 무역 및 물류 센터 네트워크를 조성하는 행위

i) 틱시 마을에 비상 구조 장치와 북극 위기관리 센터의 생성

27. 크라스노야르스크 영토의 지방 자치단체에서 이 전략 구현의 주요 목표는 다음과 같다.

a) 단일 산업 도시 형성의 통합 사회 경제 개발-노릴스크 도시 지구

b) 노릴스크 산업지구 개발, 비철금속 및 백금단 금속의 추출 및 제조를 전문으로 하는 이 지역에 위치한 기업의 유해물질 배출을 줄이는 기술 도입을 포함

c) 자폴리아나 광산의 새로운 생산 시설 건설과 현대화

d) 석유광물 자원센터의 분야를 기반으로 개발, 북극항로의 해양영역을 통해 제품의 수출에 초점을 맞춤

e) 석탄 산업 클러스터의 생성, 북극항로의 해양을 통해 제조된 제품의 수출에 초점을 맞춤

f) 기술 다이아몬드를 기반으로 광물 자원 센터설립

g) 타이머-세베로제멜 지방의 금 자원 개발

h) 딕슨 항구 (새로운 석탄 터미널 및 석유 터미널 건설 포함) 및 두딘카의 개발

i) 카탕가 마을 공항을 포함한 공항 네트워크의 재건 및 현대화

j) 노릴스크에 건설 기술 및 북부 및 북극 지역의 건물과 구조물의 상태를 모니터링하는 연구 센터의 생성

k) 딕슨 마을에 비상 구조 장치와 북극 위기 관리 센터의 생성

l) 타이마이어 돌가노-네네츠 자치구, 노릴스크, 두딘카의 영토에 관광 및 레크리에이션 클러스터의 개발

28. 아르헨겔스크 지역에서 전략 이행의 주요 목표는 다음과 같다.
    a) 기존 해양 터미널의 현대화, 준설, 새로운 심해 지역 조성, 생산 및 물류단지 및 액세스 인프라, 조정 시스템 도입 및 운송 허브의 디지털 관리 등 아르한 겔스크 항구의 경쟁력 향상
    b) 러시아 북서부, 우랄, 시베리아의 영토와 아르한겔스크 항구의 연결을 제공하는 교통 인프라(철도, 수로 및 고속도로)의 개발, 철도 섹션 카르포고라-자간 다, 미쿤 - 솔리캄스크
    c) 아르한겔스크 국제 공항 개발
    d) 목재 가공 산업 및 펄프 및 제지 산업의 개발, 현대 목재 처리 단지의 형성을 포함하여 목재 처리 폐기물에서 바이오 연료의 생산을 위한 기술의 도입
    e) 조선 및 선박 수리 산업의 개발, 구조의 건설 및 대륙 선반에 석유 및 가스생 산을 위한 장비의 생산을 보장하기 위해 이를 기반으로 추가 용량 포함
    f) 노바야 제믈랴 군도의 납 아연 광물 자원 센터 개발
    g) 다이아몬드 광물 자원 센터의 개발
    h) 북극 의학을 위한 연방 센터의 창조와 개발
    i) 함대의 현대화 및 수리, 수산생물학적 자원으로부터 기타 제품의 생산을 위한 기업의 창출, 생명공학 및 양식의 개발 등 어업 클러스터의 개발
    j) 소로브츠키 제도의 북극 영토와 해양의 크루즈 관광, 문화, 교육, 민족학 및 생태 관광 클러스터의 개발

## V. 전략의 구현 단계 및 예상 결과

29. 이 전략의 이행은 세 단계로 수행된다.

30. 이 전략의 구현의 첫 번째 단계 (2020-2024)는 다음과 같다.
    a) 북극 지역의 특수 경제 체제의 기능을 위한 규제 프레임 워크의 생성을 포함 하여 북극 영토의 경제 및 사회 발전을 가속화하기 위한 메커니즘의 형성
    b) 1차 의료의 현대화, 북극 항로의 해역에서 선박 승무원의 의료 대피를 보장하 는 것을 포함하여 도로 및 항공 운송을 제공하는 의료기관 장비
    c) 북극 지역에서 거주하고 일하는 러시아 시민에게 사회적 보장을 제공하는 시 스템의 개선
    d) 소상공인의 전통적 경제활동에 대한 국가지원프로그램 승인
    e) 현대 장비와 자료로 교육기관을 무장시키는 것을 포함하여 북극 지역의 경제 및 사회 분야에서 고용주의 예상 인력 요구에 따라 직업교육 및 추가교육 시 스템을 도입하는 행위
    f) 국가안보를 보장하는 분야에서 기능을 수행하는 기관 및 조직이 위치한 주민

정착지의 통합 개발을 위한 프로젝트의 구현, 광물 자원 센터의 개발을 위한 기초 기능, 북극의 경제 및 인프라 프로젝트의 구현, 연료, 식품 및 기타 중요한 물품의 외딴 지역에 위치한 정착촌에 대한 납품 조직을 개선하기 위한 프로젝트

g) 북극 지역의 지역교통에 보조금을 지급하기 위한 메커니즘의 도입

h) 대륙붕에서 경제 프로젝트의 구현을 위한 새로운 모델의 적용을 보장

i) 북극항의 서쪽 지역 개발 가속화, 프로젝트 22220의 4개의 범용 핵 쇄빙선 건설, 16개의 구조 및 견인 및 구조 선박의 다양한 용량, 3척의 수중선박 및 2척의 조종 선박

j) 액화 천연가스, 재생 에너지원 및 지역 연료를 기반으로 한 발전으로 고립되고 접근하기 어려운 지역에서 비효율적인 디젤 전기 생성을 대체하는 조치 시행 시작

k) 100~500명의 인구를 가진 정착지의 가구에 인터넷 접속 서비스를 제공할 수 있는 가능성 보장

l) 고도의 타원형 궤도에 위성 별자리의 생성, 북극 지역에서 안정적인 중단 위성 통신 제공

m) 북극 개발의 이익을 위해 연구 개발을 수행하는 세계적 수준의 과학 및 교육 센터의 생성

n) 건강을 보존하고 북극 지역의 인구의 평균 수명을 증가시키는 기술 개발

o) 북극해의 고위도에서 포괄적인 과학적 연구를 위한 유빙성 추진 플랫폼의 설계 및 시운전

p) 프로스트 열화의 부정적인 영향을 모니터링하고 예방하기 위한 국가 시스템 구축

q) 북극지역 발전에 관한 국제경제, 과학 및 인도주의적 협력 강화

r) 러시아의 영토와 북극에서의 배타적 경제 수역의 규모 기준의 시스템 업데이트

31. 이 전략 구현의 두 번째 단계(2025-2030)는 다음과 같다.

a) 특별 경제체제의 운영, 투자자의 필요, 북극 경제활성화를 위한 여건을 고려하여 북극지역 경제 부문의 경쟁력 증대를 보장하는 행위

b) 소규모 주민을 포함하여 북극 지역의 인구를 위한 교육기관, 문화, 체육문화 및 스포츠 단체 네트워크의 서비스를 보장하는 행위

c) 전문교육기관의 경쟁력 있는 제도 구축, 고등교육의 직업교육센터 및 교육기관 구성 완료

d) 국가안보를 보장하는 기능과 광자원 센터 개발, 북극의 경제 및 인프라 프로젝트의 이행을 보장하는 기능을 수행하는 기관 및 조직이 위치한 주민 정착촌의 통합 개발 프로그램의 완전한 구현

e) 북부 북극 해상항로를 통해 연중 항행을 보장하고, 프로젝트 22220의 보편적인 핵 쇄빙선 1척과 리더 프로젝트의 쇄빙선 2척을 추가 건설하여 국제 컨테이너 화물 환적을 위한 허브 포트 건설 시작

f) 북극 지역의 강 유역에서의 항법 개발을 위한 프로그램 개시

g) 북극 지역의 관광 인프라 개발을 위한 프로그램의 구현

h) 북극의 주요 수중 광섬유 통신 라인의 생성

i) 지구의 극지 지역에 대한 고해상도 수력기상데이터를 제공하는 고도의 타원형 우주시스템 생성

j) 로봇, 조선 장비, 무인 운송 시스템 및 휴대용 에너지원의 샘플을 포함하여 혁신적인 재료를 사용하여 생성된 장비의 새로운 모델의 시운전

k) 북극해의 고위도에서 포괄적인 과학적 연구의 구현에 필요한 러시아연방 연구선 형성시작

l) 원자력 연료와 방사성 폐기물이 소요된 홍수와 침몰한 시설의 재활 완료

m) 북극 지역의 비상 상황의 예방 및 제거를 위한 통일된 국가 시스템의 작동 효율 향상

32. 이 전략의 구현의 세 번째 단계 (2031-2035)는 다음과 같다.

a) 액화 천연가스, 가스 화학 제품, 대륙붕 및 북극 지역의 영토에서 석유 생산에 종사하는 기업의 용량이 점진적으로 증가하고 다른 광물 및 천연자원의 처리

b) 국가안보를 보장하는 기능을 수행하는 단체와 조직이 위치한 정착지의 도시 환경 및 사회 인프라의 현대화 및 광물 자원 센터 개발, 북극의 경제 및 인프라 프로젝트의 구현을 위한 기반 기능

c) 중소기업에 속한 사람들을 위한 고품질 사회 서비스의 가용성을 보장하고, 전통 경제 활동의 집중적 발전을 보장하는 단계

d) 세계 경쟁시장에서 러시아연방의 국가 교통 통신의 북극해 경로에 기초하여 국제 컨테이너 화물의 환적을 위한 허브 포트의 건설과 리더 프로젝트의 추가 쇄빙선

e) 고립되고 접근이 어려운 지역의 비효율적인 디젤 발전을 액화천연가스, 재생 에너지원 및 지역 연료를 기반으로 하는 발전으로 교체 완료

f) 북극 지역의 강 유역에서 항해 개발을 위한 프로그램 완료

g) 북극해의 고위도에서 복잡한 과학 연구를 수행하는 데 필요한 러시아연방 연구 함대의 구성 완료

h) 경제 활동이 환경에 미치는 부정적인 영향의 감소 및 예방

33. 이 전략의 이행을 위한 목표 지표는 북극 국가 정책의 기초에서 제공한 북극에서 러시아연방의 국가 정책 이행의 효율성을 특징짓는 지표에 해당한다. 이 전략 구현의 각 단계 결과를 기반으로 한 목표 지표의 값은 부록에 있다.

# VI. 전략 구현을 위한 주요 메커니즘

34. 러시아연방 정부는 전략의 모든 단계를 반영해야 하는 북극의 국가정책과 본 전략의 이행을 위한 통일된 실행계획을 개발하고 승인한다.

35. 전략의 구현은 연방 정부 기관, 러시아연방 구성 기관의 집행 기관, 지방 정부, 과학 아카데미, 기타 과학 및 교육 기관, 과학 및 기술 지원을 위한 공동 기금에 의해 보장된다. 혁신활동, 공공기관, 국영기업, 국가 참여 주식회사 및 비즈니스 커뮤니티

36. 전략을 실행하려면 러시아연방의 주 프로그램 "러시아연방 북극 지역의 사회 경제적 발전", 러시아연방의 다른 주 프로그램, 구성 요소의 주 프로그램을 변경한다. 러시아연방 기관 및 2035년까지 북극항로의 기반 시설에 대한 개발 계획

37. 러시아연방 국경의 군사 보안 및 보호 분야의 작업 솔루션은 국가 방위 명령 및 국가 프로그램의 틀 내에서 국가 군비 프로그램이 제공하는 조치의 구현을 통해 보장된다.

38. 전략의 이행에 대한 전반적인 관리는 러시아연방 대통령이 행사한다.

39. 전략의 이행에 관한 국가 당국, 지방 자치 단체 및 기관의 활동과 상호 작용을 조정하는 임무, 기능, 절차는 러시아연방의 법률에 따라 결정된다.

40. 전략의 이행은 러시아연방의 국가 프로그램 이행을 위해 제공된 비용과 추가예산 원천을 포함하여 러시아연방 예산시스템으로 수행된다.

## | 러시아연방 북극권 개발 2035년까지 국가안전보장 전략 부속서 |

* 북극지역 러시아연방 북극권 개발전략이행 및 2035년까지 국가안전보장 목표지표(백분율)

| | 내용 | 최근 | 24년 | 30년 | 35년 |
|---|---|---|---|---|---|
| 1 | 출생자 평균 수명(연도) | 72.39 (18년) | 78 | 80 | 82 |
| 2 | 인구의 이주 증가율 | - 5.1 (18년) | - 2,5 | 0 | 2 |
| 3 | 국제노동기구 기준 실업률 | 4,6 (19년) | 4,6 | 4,5 | 4,4 |
| 4 | 신규 기업의 일자리 수(천 단위) | | 30 | 110 | 200 |
| 5 | 단체의 평균 급여(천 루블) | 83,5 (19년) | 111,7 | 158,5 | 212,1 |
| 6 | 인터넷 점유율 | 81,3 (19년) | 90 | 100 | 100 |
| 7 | 총 지역 제품의 점유율 | 6,2 (18년) | 7,2 | 8,4 | 9,6 |
| 8 | 하이테크 부문 부가가치 점유율 | 6,1 (18년) | 7,9 | 9,7 | 11,2 |
| 9 | 고정 자산에 대한 투자 지분 | 9,3 (19년) | 11 | 12 | 14 |
| 10 | 기술 혁신을 위한 조직의 비용 | 1 (18년) | 2,5 | 3,5 | 4,5 |
| 11 | 천연자원 보호의 투자비중 | 2,6 (19년) | 4,5 | 6 | 10 |
| 12 | 가연성 원유/천연가스 점유율 | 17,3/82,7(18년) | 20/82 | 23/81 | 26/79 |
| 13 | 액화 천연가스 생산량(백만 톤) | 8,6 (18년) | 43 | 64 | 91 |
| 14 | 화물/대중교통 운송량(백만 톤/명) | 31,5/0,7 (19년) | 90/1 | 130/2 | /10 |

* 2024년 목표는 2018년 5월 7일자 러시아연방 대통령령 204호 "2024년까지 러시아연방 발전의 국가적 목표와 전략적 목표에 관한 것"에 의해 수립되었다.

**〈문서 개요〉**

대통령은 2035년까지 러시아연방 북극지대 개발 전략을 승인하고 의료, 과학, 교육, 주택 건설, 투자, 석유 및 가스 생산, 생태 학 등의 분야에서 대책을 마련했다.

북극 지역의 출생 시 평균 수명은 2018년 72.39세, 2024년 78세, 2030년 80세, 2035년 82세으로 예상된다. 신규 기업의 일자리 수는 2024년 3만명, 2030년 11만 명, 2035년 20만명이 될 것이다. 기본 봉급은 2019년 루블 83,5천 루블에서 2024년 111,7천 루블로 증가하고, 2030년 158,5천 루블, 2035년 212.1천 루블이 될 것이다.

세계의 국방 포커스 시리즈 2탄

# 북극시대 러시아의
# 해군과 해양기관

**초판 인쇄** 2023년 10월 06일
**초판 발행** 2023년 10월 06일

**저　　자** 정 재 호

**펴 낸 곳** 로얄컴퍼니
**주　　소** 서울특별시 중구 서소문로9길 28
**전　　화** 070-7704-1007
**홈페이지** https://royalcompany.co.kr/